»Bausteine
des Wissens«

Hans Jürgen Press

Geheimnisse des Alltags

Entdeckungen in Natur und Technik

Otto Maier Verlag Ravensburg

Von Hans Jürgen Press sind im Otto Maier Verlag erschienen:

Ravensburger Kinder- und Jugendsachbücher
Spiel – das Wissen schafft
Große Ausgabe mit über 200 Experimenten aus Natur und Technik –
spielend auszuführen
Der Natur auf der Spur
Beobachtungen in der Natur. Beschäftigung mit Tier und Pflanze –
über 200 Anregungen

Ravensburger Taschenbücher
Band   26: Spiel – das Wissen schafft. 100 Experimente
Band   60: Die Abenteuer der „schwarzen hand". Detektivgeschichten
Band 104: Mein kleiner Freund Jakob. Lustige Bildergeschichten

Ravensburger Spiel- und Spaßbücher
Spiel und Spaß mit 1000 Punkten – Im Zoo
Spiel und Spaß mit 1000 Punkten – In der großen Stadt
Spiel und Spaß mit 1000 Punkten – Im Zirkus
Spiel und Spaß mit 1000 Punkten – Auf dem Bauernhof
Spiel und Spaß mit 1000 Punkten – Aus der Wundertüte
Spiel und Spaß mit 1000 Punkten – Auf Safari
Spiel und Spaß mit 1000 Punkten – Für Filzstiftfreunde
Spiel und Spaß mit 1000 Punkten – Für Bärensammler

„Geheimnisse des Alltags" wurde als Serie im STERNCHEN,
der Kinderbeilage des STERN, erstmals veröffentlicht.

1. Auflage 1977
© 1977 by Otto Maier Verlag Ravensburg
Alle Rechte, auch die des auszugsweisen Nachdrucks,
der fotomechanischen Wiedergabe und der Übersetzung, vorbehalten.
Gesamtausstattung: Hans Jürgen Press
Printed in Italy by Officine grafiche Il Resto del Carlino, Bologna
ISBN 3-473-35553-4

Die Dinge von allen Seiten betrachten

Als ich im Mai 1969 auf Verlagsbesuch in Ravensburg war, wurde ich an einem sonnigen Tag zu einer Autofahrt an den Bodensee eingeladen. Unterwegs, auf einer Landstraße, die ziemlich gerade in Nordsüdrichtung verläuft, stieg ein Wanderer zu. Der ältere Herr teilte einen Apfel mit uns, und dabei kam das Gespräch auf die Apfelbäume, die an den Straßenrändern in voller Blüte standen. Ich bewunderte die weiße Blütenpracht.

„Wenn Sie diese Straße in umgekehrter Richtung fahren würden", bemerkte der ältere Herr beiläufig, „wäre Ihr Eindruck noch viel schöner". Eine Weile überlegte ich, wie er das gemeint haben könnte, dann faßte ich mich an den Kopf: „Na klar!"

Für diese Bemerkung bin ich dem Wandersmann* sehr dankbar, denn sie gab den Anstoß für meine Serie „Geheimnisse des Alltags". Die kleine Geschichte mit den Apfelbäumen ist 1970 als allererste in der Serie im „Sternchen" erschienen und ist auch Nr. 1 in diesem Buch.

Ich hatte erkannt, daß es amüsant und faszinierend sein kann, in ganz alltäglichen Dingen, Vorgängen und Erscheinungen, die man allgemein kaum beachtet, Geheimnisse aufzuspüren und den sich dahinter verbergenden Naturgesetzen mit einfachen Experimenten und Vergleichen auf den Grund zu gehen. Jeder kann in der Welt des Alltags Geheimnisse finden und lösen. Es gehört nur Neugier dazu – die Mutter der Intelligenz.

Hans Jürgen Press

*Der „Wandersmann" war der Verleger Karl Maier.

Inhalt

Süden

Wirkung der Sonne 1

An einem sonnigen Frühlingstag fährt ein Auto auf einer Landstraße von Norden nach Süden. Ein Mitfahrer bewundert die blühenden Apfelbäume am Rand der Straße. „Wenn Sie diese Straße in umgekehrter Richtung fahren würden, wäre Ihr Eindruck noch viel schöner", bemerkt ein anderer Mitfahrer. Wie meint er das?

Da die Fahrt in südlicher Richtung geht, beachtet man nur die Nordseite der Bäume. Das Wachstum freistehender Bäume wird aber durch das Sonnenlicht so beeinflußt, daß sie nach Süden hin längere Äste, üppigeres Laub und wesentlich mehr Blüten entwickeln als nach Norden. Entsprechend haben die Jahresringe im Stamm nach Süden hin größere Breite und mehr Leitgewebe für die vermehrte Wasser- und Nährstoffzufuhr. Das erkennt man deutlich an einem Baumstumpf.

2 Blattgrün und Licht

Auf der grünen Böschung der Deiche im Marschland fallen – meist im Frühjahr – lange gelbe Streifen auf. Wie entstehen sie?

Nach einer Sturmflut hinterläßt das Hochwasser an der Böschung einen Saum von angespültem Treibgut. Da das zugedeckte Gras kein Sonnenlicht erhält, beginnt es abzusterben, das Blattgrün wird abgebaut, und gelbe Blattfarbstoffe treten hervor. Eine neue Sturmflut schwemmt eines Tages das Treibgut fort, und die gelben Streifen bleiben so lange sichtbar, bis sich im Licht neues Blattgrün gebildet hat.

Blattgrün, winzige grüne Körnchen in den Zellen, ist für die Pflanze lebensnotwendig. Im Blattgrün wird mit Hilfe des Sonnenlichts aus Wasser und dem Kohlendioxid der Luft der Aufbaustoff Stärke gebildet; hierbei wird Sauerstoff ausgeschieden.

„Der Schaden ist halb so schlimm", erklärt ein Junge seinem Freund, dem die Kuh in ein Roggenfeld gelaufen ist. „Die geknickten Halme richten sich von selbst wieder auf." Stimmt das?

Unsere Getreidearten zählen zur Familie der Gräser. Bei ihnen wachsen die Halme jeweils über den Knoten in den Vegetationszonen, den weichen, hellen Stellen des Stengels, die von röhrenförmigen Blattscheiden umhüllt und gestützt werden. Knickt man einen Halm, solange er noch grün ist, wird das Wachstum am Knoten über der Knickstelle durch das Sonnenlicht abgelenkt. Die Blattscheide beginnt an der dem Licht abgewandten Seite stärker zu wachsen und biegt den Halm empor, bis die Ähre nach wenigen Tagen wieder aufrecht in Luft und Sonne steht.

aufgerichtete Halme

geknickte Halme

4 Druck durch Osmose

Am Straßenrand entdeckt man allerlei Pflanzen, die die Asphaltdecke emporgewölbt und gesprengt haben, z. B. Gras, Löwenzahn, Huflattich. Woher haben die Pflanzen diese enorme Kraft?

Die Pflanzensprosse beziehen das Wasser mit Aufbaustoffen aus Wurzelstöcken unter dem Asphalt, es wird von Zelle zu Zelle durch Osmose weitergeleitet: Das Wasser wandert durch halbdurchlässige Zellwände, verdünnt den Zellsaft und erhöht den Druck in den Zellen. In den Vegetationskegeln, den Spitzen der Sprosse, entsteht dabei ein Druck, der das Mehrfache des Luftdruckes in einem Preßluftmeißel ausmacht.

Experiment: Gipst man eine Reihe trockener Erbsen in eine Zigarettenschachtel ein und wässert den erhärteten Gipsblock, wird er infolge des Druckes in den Zellen der Erbsen bald gesprengt.

Rinde
Borke
Mark
Jahresringe
Wachstumsschicht

Unterbrochene Wasserleitung 5

Ein Vater stellt am Weihnachtsabend den Tannenbaum auf. Er muß das Stammende des Baumes etwas anspitzen, damit es in den Ständer paßt. Obwohl danach der Ständer mit Wasser gefüllt wird, verliert der Baum schon kurz nach den Feiertagen die Nadeln. Wie ist das zu erklären?

Beim Beschneiden des Stammendes wird außer der Rinde häufig auch der äußerste Jahresring entfernt. Aber gerade in diesem befinden sich die Tracheiden, langgestreckte Zellen, die Wasser (und Nährstoffe) zu den Zweigen und Nadeln emporleiten. Die älteren Jahresringe weiter innen mit ihren abgestorbenen, verholzten Zellen leiten das Wasser nicht. Sie dienen nur der Festigkeit des Stammes.

6 Längenwachstum eines Baumes

In einer bekannten Bildergeschichte wird ein Nagel in den Stamm eines Baumes geschlagen, um die Körpergröße eines Kindes zu markieren. Im Jahr darauf stellt sich heraus, daß das Kind kaum gewachsen ist, daß aber der Baumstamm beachtlich länger geworden ist; der Nagel sitzt jetzt ein gutes Stück über dem Kopf des Kindes. Was hat der Zeichner der Bildergeschichte falsch gemacht?

Der Stamm eines Baumes mit seinen verholzten, toten Zellen kann sich niemals in die Länge strecken. Er macht allerdings – wie auch die Äste und Wurzeln – ein Dickenwachstum mit: In der Wachstumsschicht (Kambium) bildet sich jedes Jahr ein neuer Jahresring. Lediglich an den Vegetationspunkten der Sprosse und der Wurzeln wächst der Baum in die Länge.

Wie viele Scheiben eine Apfelsine enthält, kann man schon vor dem Abschälen sagen. Es gibt ein kleines Erkennungszeichen dafür.

Entfernt man den Blütenboden aus einer Apfelsine, findet man auf ihm und in der Vertiefung der Schale einen Kreis kleiner Punkte. Jeder Punkt zählt für eine Apfelsinenscheibe; ein sehr kleiner Punkt weist auf eine dünne Scheibe hin.

Die Punkte sind die Ansätze des vielfächerigen Fruchtknotens in der Orangenblüte, der sich nach der Befruchtung zu der stattlichen Beere entwickelt. Aus den Fächern des Fruchtknotens bilden sich die „Apfelsinenscheiben", die die Saftschläuche und Samen enthalten.

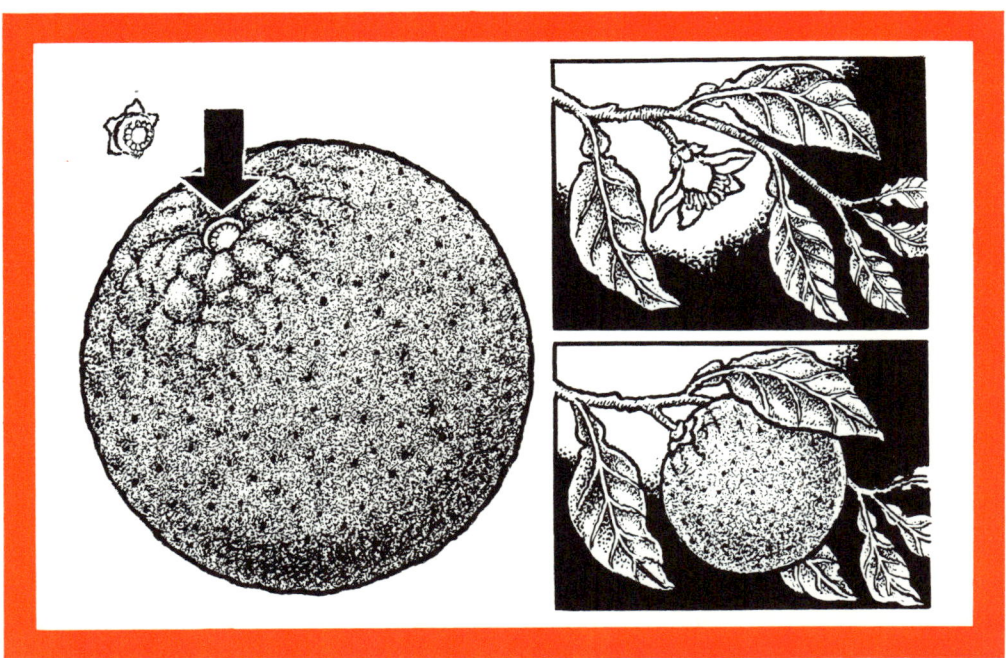

8 Öl aus Orangenschalen

Beim Abschälen einer Apfelsine kommt ein Sprühregen von feinen Tröpfchen aus ihrer Schale. Woraus bestehen sie?
Es ist Orangenschalenöl, ein ätherisches Öl, das aus den winzigen, als Punkte erkennbaren Bläschen in der äußeren Schale spritzt, wenn sie durch den Druck beim Abschälen zerplatzen.
Orangenschalenöl ist kohlenstoffreich: Wenn man die Tröpfchen gegen eine Kerzenflamme sprühen läßt, brennen sie mit heller Flamme. Es ist ferner stark flüchtig: Läßt man die Tröpfchen auf eine Wasserfläche fallen, breiten sie sich zu schillernden Kreisen aus und verschwinden rasch wieder, indem sie verdampfen. Orangenschalenöl duftet sehr stark: Das ist der Grund, warum es in der Parfümherstellung reichlich Verwendung findet.

Erdgas aus dem Schlamm 9

Vom Grund eines sumpfigen Gewässers sieht man häufig, besonders in der warmen Jahreszeit, Blasen emporsteigen. Stochert man mit einem Stock im Boden, sprudeln die Blasen vermehrt an die Wasseroberfläche.

Die Blasen enthalten nicht etwa Atemluft von Wassertieren, sondern Methangas, das bei der Gärung und Zersetzung von Pflanzenresten im Schlamm des Gewässers entsteht. Entzündet man die Blasen mit einem Streichholz, „explodieren" sie mit blauer Flamme.

Methangas, eine Kohlenwasserstoffverbindung, ist brennbar. Es wird in Kläranlagen aus dem Faulschlamm gewonnen und zur Energiegewinnung verwertet. Es ist aber auch überwiegender Bestandteil des Erdgases, das sich bei der Zersetzung organischer Stoffe in Urzeiten gebildet hat.

10 Gewichtsverlust durch Verbrennung

Auf dem schmalen Rand eines Aschenbechers liegt waagerecht eine brennende Zigarette ohne Filter; ihre Asche wird immer länger. Welches Ende bekommt Übergewicht?
Die brennbare Substanz von Tabak und Papier ist Zellulose, deren Kohlenstoffbestandteile sich mit dem Sauerstoff der Luft zu Kohlendioxid verbinden. Dieses Gas entweicht, zusammen mit Nikotin- und Wasserdampf. In der Asche bleiben mineralische Stoffe zurück.
Die Zigarette stellt eine Waage dar. Beim Verbrennen verlagert sich der Schwerpunkt S bis über die Aschenbecherkante, dann neigt sich das äußere Ende herab. Mißt man nun an der Zigarette zwei gleich lange Abschnitte a und b ab, dann erkennt man, daß das verbrannte Tabakfünftel des Abschnittes b genauso schwer war wie die ganze Asche. Beim Verbrennen gehen also etwa $\frac{4}{5}$ des Gewichts verloren.

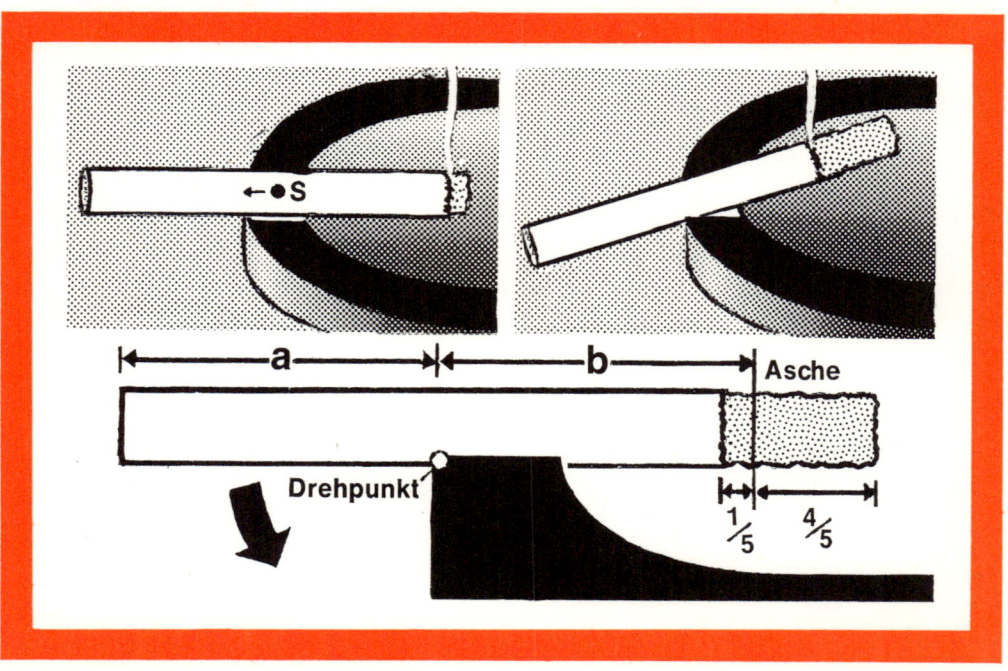

Tinte aus Eichenholz 11

An der Außenseite eines eichenen Wassertroges, an dem Eisenbe-
schläge befestigt sind, hat sich das Holz schwarzblau verfärbt. Es sieht
ganz so aus, als habe jemand Tinte daraufgegossen. Wie erklärt sich
das?
Tatsächlich handelt es sich hier um Tinte, die sich in der Feuchtigkeit
aus der Gerbsäure des Eichenholzes und dem Eisen gebildet hat. Früher
wurde Schreibtinte aus Eisenpulver und Eichengalläpfeln, die besonders reich an Gerbsäure sind, hergestellt.
Experiment: Schneidet man einen noch grünen Gallapfel, den man auf
einem Eichenblatt findet, mit einem nicht rostfreien Messer auf, färbt
sich die Klinge in kurzer Zeit blau.

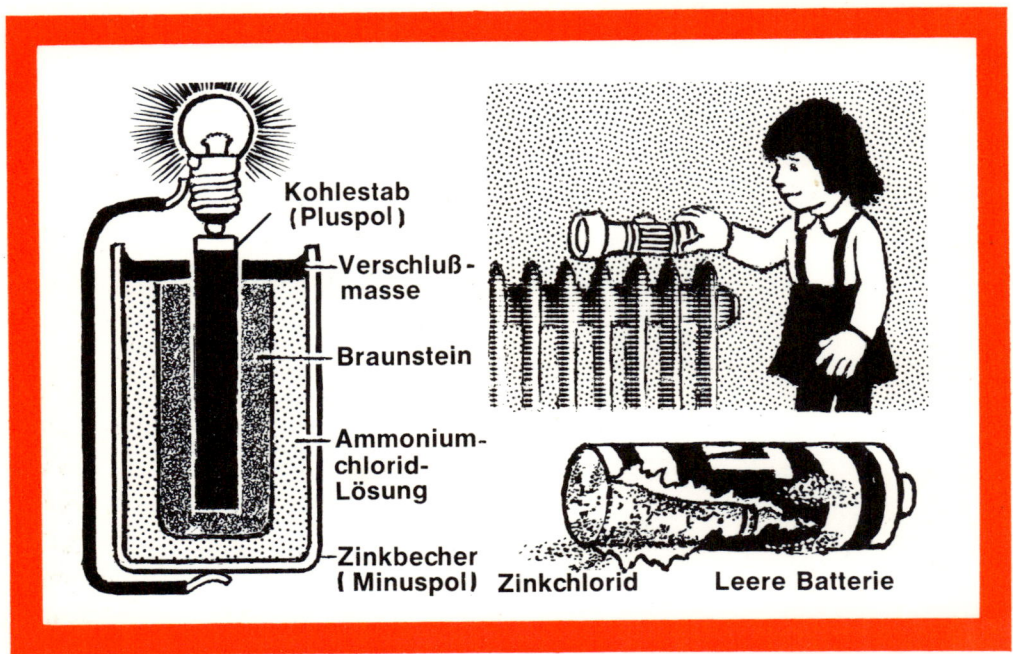

Kohlestab
(Pluspol)

Verschluß-
masse

Braunstein

Ammonium-
chlorid-
Lösung

Zinkbecher
(Minuspol)

Zinkchlorid

Leere Batterie

12 Elektronenfluß in der Batterie

Wenn eine Taschenlampe nicht mehr brennt, muß die Batterie noch nicht leer sein. Erwärmt man sie, leuchtet die Birne meist noch einmal auf. Wie kommt das?

Der Zinkbecher einer Batteriezelle wird von Ammoniumchlorid-Lösung chemisch angegriffen. Das bewirkt, daß auf dem Zink ein Elektronenüberfluß und auf dem in Braunstein steckenden Kohlestab ein Elektronenmangel entsteht. Schließt man eine Glühbirne an, fließen Elektronen vom Zink zum Kohlestab. Ihr Glühfaden leuchtet, solange genügend Elektronen hindurchströmen. Ist nun die Batterie alt, wird der chemische Prozeß langsamer und der Elektronenfluß so schwach, daß der Faden nicht mehr glüht. Eine Erwärmung beschleunigt noch einmal den chemischen Prozeß. Er endet, wenn sich das Zink völlig in weißes Pulver, Zinkchlorid, umgewandelt hat.

Pflanzensaft als Stromleiter 13

Was geschieht, wenn man mit einem Grashalm den Draht eines elektrischen Weidezauns berührt? Ist es ein vertrockneter Halm, merkt man gar nichts; ist es aber ein frischer, saftiger Halm, spürt man ein Kribbeln in den Fingern, je kürzer der Halm, desto stärker.

Der Strom fließt von einer Batterie durch den Draht und wird in den Saftbahnen des Halmes vom Wasser und den darin gelösten Salzen in den Körper geleitet. Einige millionenmal größer ist die elektrische Energie, die bei einem Blitzeinschlag durch den Saft eines Baumes zur Erde geleitet wird. Durch den gewaltigen Elektronenfluß entsteht so viel Wärme, daß sich der Saft im Nu in Dampf verwandelt und durch seinen Druck die äußeren Holzschichten des Baumstammes regelrecht explodieren.

14 Gefährliche Schrittspannung

Wenn man im Freien in ein Gewitter gerät, soll man nicht laufen. Ist das Aberglaube?

Keineswegs! Ein Blitz, der unweit in einen Baum einschlägt, kann einen Läufer durch seine gewaltige elektrische Energie, die in den Boden fließt, gefährden. Da sie dabei mit zunehmender Entfernung abnimmt, kann sie unter einem Bein des Läufers größer sein als unter dem anderen. Diese „Schrittspannung" entlädt sich durch den Körper, da er den Strom besser leitet als der Boden.

Wenn ein Mensch mit geschlossenen Füßen (in einer Bodenvertiefung) hockt, fließt der Strom unter ihm hinweg wie unter einem Vogel auf einer Hochspannungsleitung. Kühe und Pferde auf der Weide sind wegen des Abstandes ihrer Vorder- und Hinterbeine bei Gewitter in besonders großer Gefahr.

Läuft man auf einem Kunstfaserteppich, so nehmen Schuhsohlen aus Gummi kleinste elektrische Teilchen, Elektronen, auf. Die Ladung bewirkt, daß in unserem Körper befindliche Elektronen bis in die Fingerspitzen abgestoßen werden und bei Berührung eines geerdeten Gegenstandes als kleiner elektrischer Blitz überspringen.

Obwohl die Spannung solcher Blitze mehrere tausend Volt beträgt, sind sie wegen ihrer geringen Stromstärke harmlos. Wer sich dennoch vor ihnen fürchtet, kann sie über einen Schlüssel o. ä. ableiten: Wie bei einem Blitzableiter auf dem Dach, der den Blitz von einer Gewitterwolke zur Erde ablenkt, entlädt sich die Spannung zwischen Körper und geerdetem Gegenstand über das gut leitende Metall in der Hand.

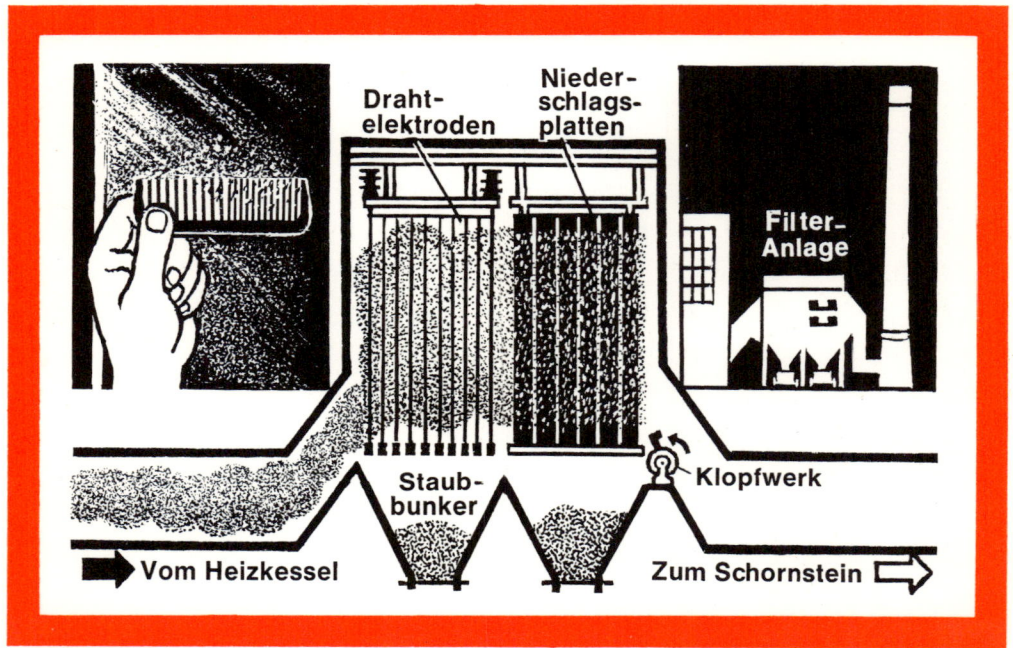

Drahtelektroden

Niederschlagsplatten

Filter-Anlage

Staubbunker

Klopfwerk

Vom Heizkessel

Zum Schornstein

16 Gekämmte Luft

Wieviel Staub die Luft enthält, erkennt man in einem Sonnenstrahl, der durch einen Spalt ins abgedunkelte Zimmer fällt. Ein Kamm, den man durch Reibung mit einem Wollschal elektrisch aufgeladen hat, zieht die ungeladenen Staubteilchen an und hält sie fest.

Ganz ähnlich funktioniert die Filteranlage eines umweltfreundlichen Fabrikschornsteins. Mit den Abgasen vom Heizkessel zieht der Staub zuerst durch Metallgitter, die unter hoher Gleichstromspannung stehen. Da geladene Körper ungeladene anziehen, wird ein Teil der Staubteilchen – wie beim Versuch mit dem Kamm – von dem Gitter gefangen. Andere laden sich selbst auf und bleiben ein Stück weiter an ungeladenen Metallplatten hängen, wo sie von Zeit zu Zeit abgeklopft werden.

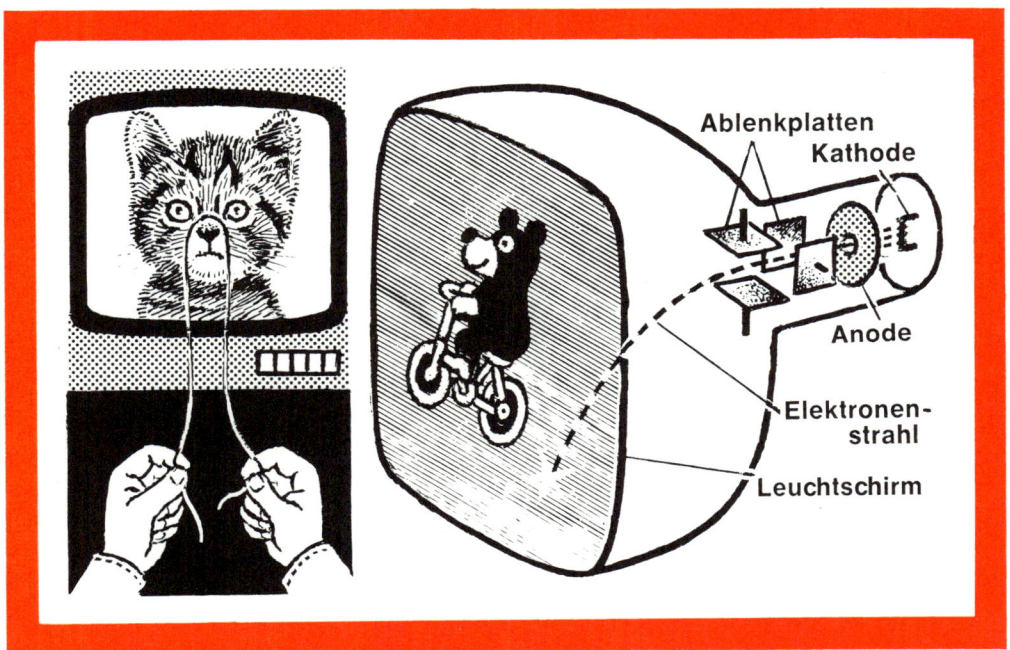

Wirkung des Elektronenstrahls 17

Der Bildschirm eines eingeschalteten Fernsehgerätes zieht nicht nur Staub an. Hält man einen etwa ein Meter langen Baumwollfaden davor, steht er waagerecht. Warum?

Die Anziehung verursacht der Elektronenstrahl, der von der Kathode, einem Glühdrat am Hinterende der Röhre, ausgesandt wird. Er geht zuerst zur Anode, einer Metallscheibe mit kreisrundem Loch, und wird dort so gebündelt, daß er auf dem Bildschirm als Punkt aufleuchtet. Durch Ablenkplatten in der Waagerechten und Senkrechten gesteuert, zeichnet der Strahl pro Sekunde 25 Bilder aus je 625 Zeilen mit je 800 verschiedenen hellen Punkten.

Durch die auftreffenden Elektronen lädt sich der Bildschirm elektrostatisch auf wie eine Glasscheibe, die man mit einem Seidentuch reibt. Er zieht dann ungeladene Dinge an.

18 Weg des elektrischen Stromes

Ein Hotelgast beschwert sich über eine unvorschriftsmäßige Nachttischlampe. Als er im Dunkeln den Schalter suchte, habe er sich am Birnensockel, der etwas aus der Fassung herausragt, einen elektrischen Schlag geholt. Der Wirt bezweifelt das mit dem Einwand, die Lampe sei doch abgeschaltet gewesen. Wer hat recht?

Es kommt ganz darauf an, wie der Stecker in der Steckdose sitzt. Führt die stromführende Phase direkt zum Schalter, ist der Strom hier unterbrochen. Fließt der Strom aber über den anderen Draht zuerst zur Glühbirne, stehen tatsächlich ihr Sockel und Glühdraht und weiter die Leitung von der Fassung bis zum Schalter unter Strom, ohne daß die Glühbirne brennt.

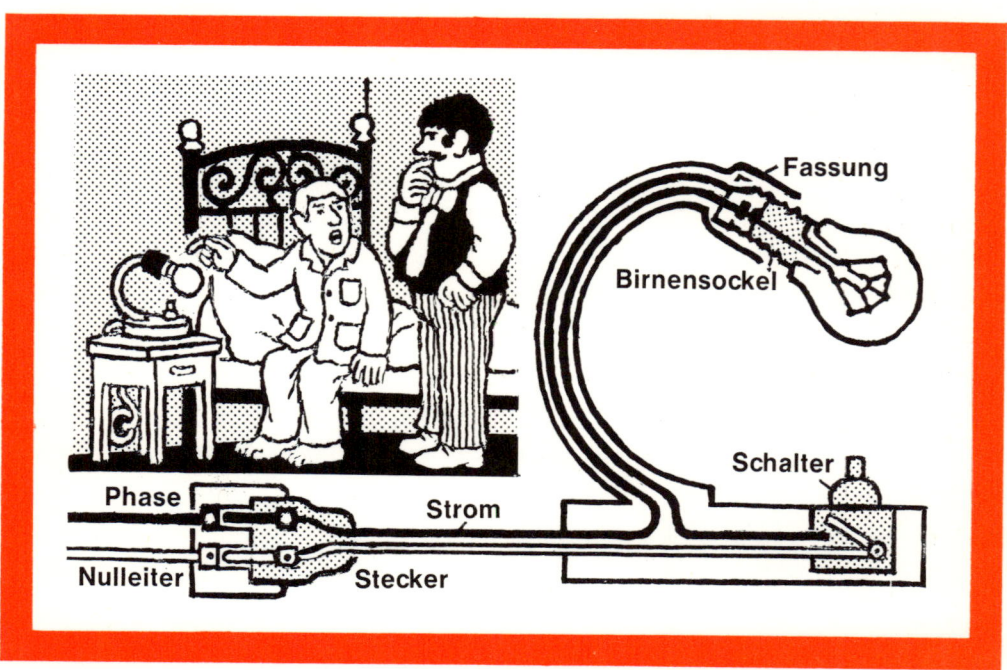

Ein Junge wundert sich, warum von seinem Fahrraddynamo nur ein Draht zur Lampe führt; eigentlich müßten doch zwei Leitungen da sein, damit der Stromkreis geschlossen ist. Wie verhält sich das?

Im Inneren eines Dynamos, der während der Fahrt in Betrieb ist, rotiert ein Dauermagnet in der Mitte einer Kupferdrahtspule. Dabei ruft die magnetische Kraft in den Wicklungen der Spule eine elektrische Spannung hervor. Es fließt Strom durch den Draht zur Lampe, durch den Glühfaden der Birne und dann durch das Lampengehäuse, die Fahrradgabel und die Metallhülse des Dynamos zurück zur Spule. Von großer Wichtigkeit ist die kleine Kontaktschraube im Dynamohalter: Sie ist durch die isolierende Lackschicht ins Metall der Gabel gebohrt und schließt den Stromkreis.

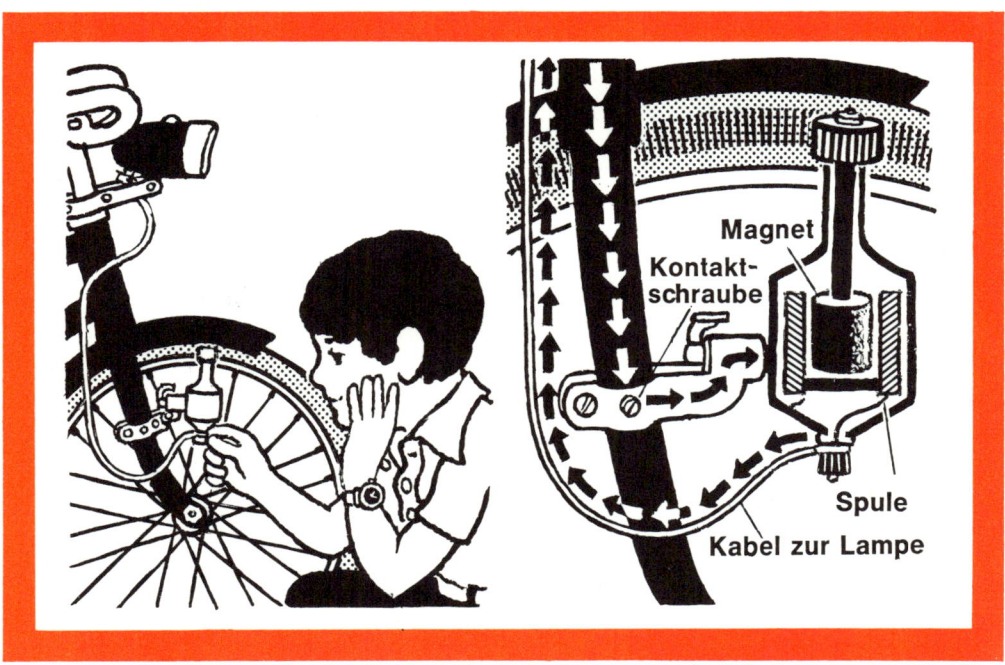

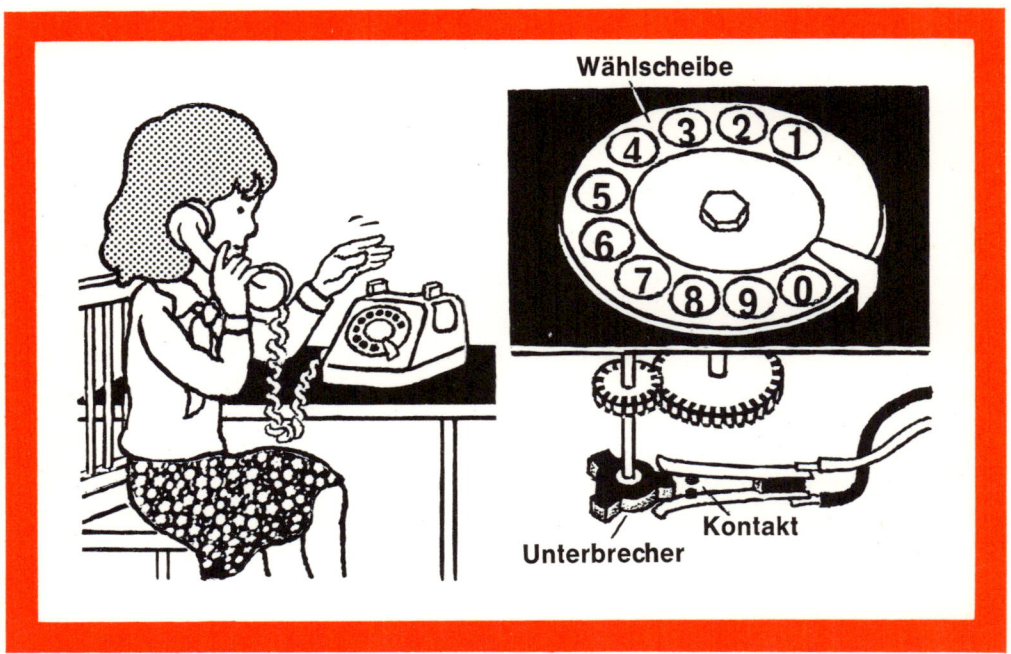

Wählscheibe

Kontakt

Unterbrecher

20 Getippte Rufnummer

Wenn man den Hörer eines Telefons abhebt, ertönt das Freizeichen: Die Leitung zum Fernmeldeamt ist frei. Tippt man einmal kurz auf die Gabel, ist das Freizeichen weg. Wie kommt das?
Durch das Auftippen wird in der Leitung eine kurze Stromunterbrechung verursacht. Dieser Impuls stellt im Wählautomat des Amtes die Nummer 1 ein, genauso wie es beim Drehen der 1 auf der Wählscheibe geschieht. Das Tippen auf die Gabel, das man mitunter aus Ungeduld tut, kann also zu Fehlverbindungen führen. Da die Notrufnummer früher 111 lautete, wurde mancher Teilnehmer ungewollt mit der Polizei verbunden. Die Post hat die Nummer aus diesem Grund in 110 abgeändert.

Zunehmender Reibungswiderstand 21

Nachdem ein Junge die eine Hälfte des Rasens mit Wasser gesprengt hat, zieht er den Schlauch zur anderen Gartenseite hinüber. Wie erklärt es sich, daß der Junge den Schlauch zuerst ganz leicht findet, aber mit jedem Schritt eine größere Kraft aufwenden muß, bis er schließlich den Schlauch kaum noch weiterbewegen kann?

Je weiter der Junge geht, desto länger wird hinter der Kehre das Schlauchstück, das er bewegen muß. Da der Schlauch mit Wasser gefüllt ist, nimmt sein Gewicht mit jedem Meter gleichmäßig zu. Mit dem Gewicht des gleitenden Schlauchstückes wächst an den Berührungsflächen von Schlauch und Rasen der Reibungswiderstand, den der Junge bewältigen muß.

22 Reibung zwischen Holz und Metall

Ein Junge ist dabei, runde, vierkantige und dreikantige Nägel aus einem Balken zu ziehen. Er überlegt, ob die Nägel, die alle eine gleich große Profilfläche von 9 mm² haben, gleich fest im Holz stecken.
Die Profilfläche der Nägel ist zwar gleich groß, der Profilumfang aber nicht: Beim runden Nagel beträgt er 10,6 mm, beim Vierkantnagel 12 mm, bei Dreikantnagel 13,7 mm. Also ist die Oberfläche des Dreikantnagels am größten, und man könnte meinen, damit auch seine Reibung im Holz. Irrtum! Da das Holz von allen Nägeln gleich weit auseinandergetrieben ist, übt es auch einen gleich starken Gegendruck auf sie aus, unabhängig von der Größe ihrer Oberflächen. Der Reibungswiderstand aller drei Nagelprofile ist also gleich groß. Das gilt aber nur bei gleich glatten Oberflächen. Roststellen oder Querrippen (Pfeil) vergrößern die Reibung.

Profile

Von der Bergstation einer Seilbahn wandert ein Vater mit den Kindern auf einem Pfad, der unterhalb der Seilbahn entlangführt, zur Talstation. Als sie unterwegs Rast machen, bemerkt der Vater: „Wir sind jetzt genau auf halber Höhe des Berges!" Woran erkennt er das?

Die beiden Gondeln einer Seilbahn hängen an einem Tragseil und werden – vom Elektromotor der Bergstation angetrieben – durch ein endloses Zugseil bergauf und bergab bewegt. Dabei bildet die abwärtsfahrende Gondel das Gegengewicht für die aufwärtsfahrende. Die Gondeln fahren folglich oben und unten zur gleichen Zeit ab und begegnen sich genau auf halber Strecke.

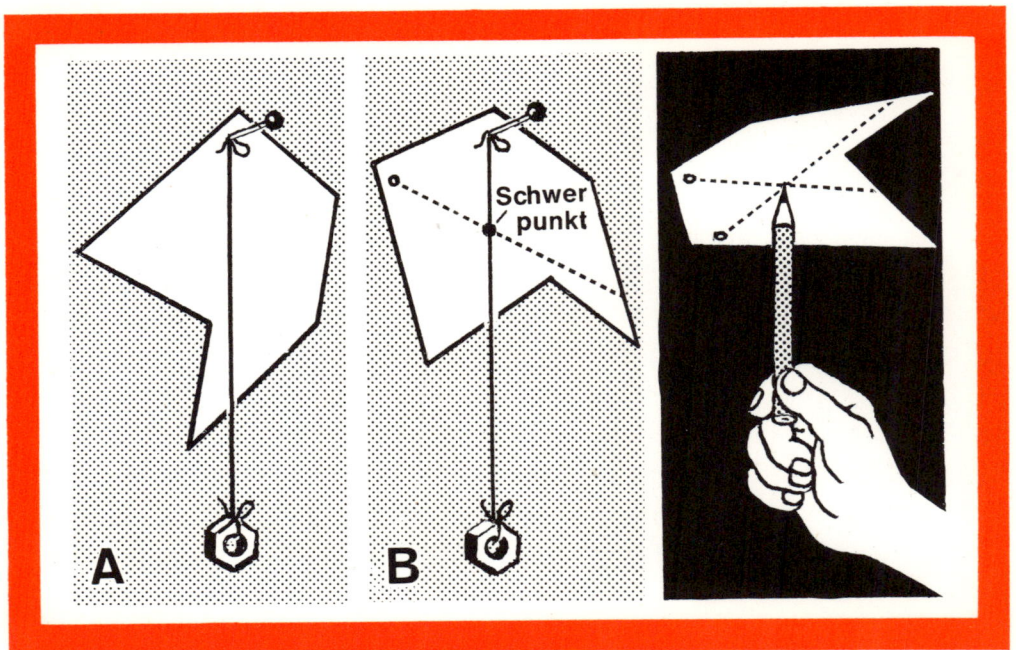

24 Suche nach dem Schwerpunkt

Wer einen Gegenstand balancieren will, muß ihn unter seinem Schwerpunkt unterstützen, dem Punkt, um den herum seine Masse im Gleichgewicht ist. Der Schwerpunkt eines regelmäßig geformten Körpers aus einheitlichem Material liegt in seiner geometrischen Mitte. Wie aber findet man den Schwerpunkt eines unregelmäßig geformten Gegenstandes?

Bei einer Pappfigur ist das einfach und anschaulich: Man sticht an einer Ecke eine Nadel hindurch und läßt die Figur herabhängen. Ihr Schwerpunkt muß genau senkrecht unter dem Aufhängepunkt liegen. Man zeichnet die Linie, die ein an die Nadel gehängter Faden markiert, auf der Figur an (A). Dann wiederholt man das, nachdem man die Figur an einer anderen Ecke aufgehängt hat (B). Der Schwerpunkt liegt auf dem Schnittpunkt der beiden Linien.

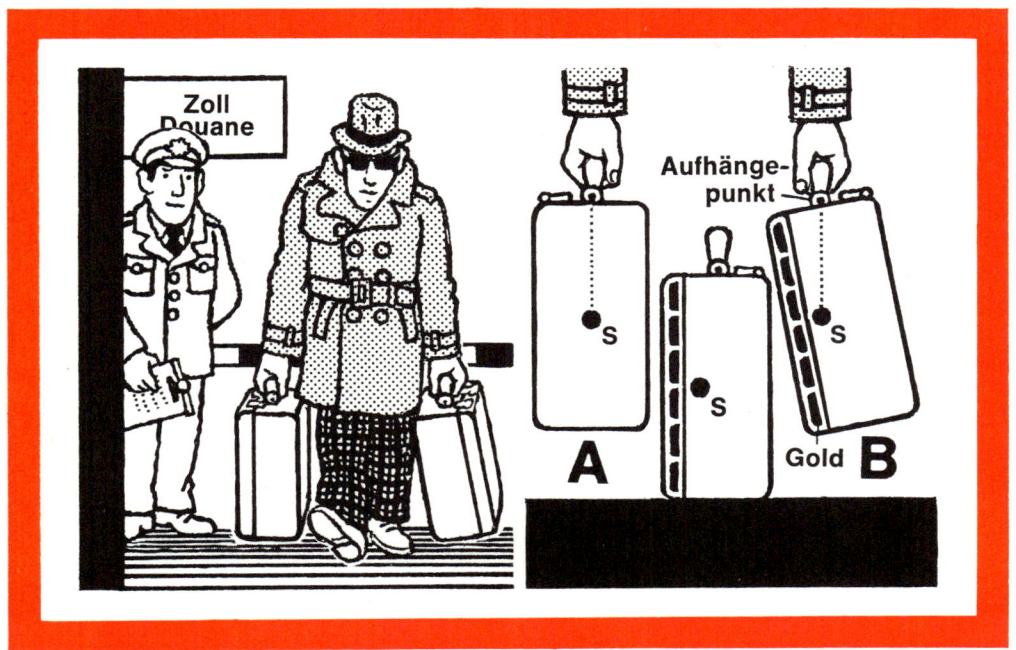

Verlagerter Schwerpunkt 25

Ein Zollbeamter mustert einen Reisenden, dessen Koffer angeblich nur lose Wäsche enthalten. Er stutzt, und bei einer Kontrolle findet er in einem Koffer unter einem doppelten Boden einige Kilo Gold. Was verrät diesen Koffer?

Bei gleichartigem Inhalt hängt ein Koffer senkrecht, da er ein gleichmäßig geformter Körper ist und somit sein Schwerpunkt S genau in seiner Mitte liegt (A). Durch das Gewicht des versteckten Metalls verlagert sich der Schwerpunkt zur Seite (B). Der Koffer nimmt eine Schräglage ein, bis sein Schwerpunkt genau senkrecht unter dem Aufhängepunkt (Bügelgelenk) liegt.

26 Rätselhafte Standfestigkeit

Eine Shampoo-Flasche wird auf eine geneigte Fensterbank gestellt, zuerst parallel zum Fenster, dann quer dazu und nach dem Haarewaschen wieder parallel. In welcher Stellung kippt sie um?
Die Standfestigkeit der Flasche hängt davon ab, ob ihr Schwerpunkt (S) von der Standfläche unterstützt wird. Das geschieht bei Stellung 2: Die Flasche steht stabil. Bei 1 trifft das Schwerpunktlot nicht die Standfläche, die Flasche kippt. Im Fall 3 liegt der Schwerpunkt tiefer, nachdem etwas Shampoo entnommen worden ist. Das Gleichgewicht ist hier labil: Da das Schwerpunktlot genau über der Kippkante endet, genügt ein kleiner Stoß, und die Flasche kippt um.

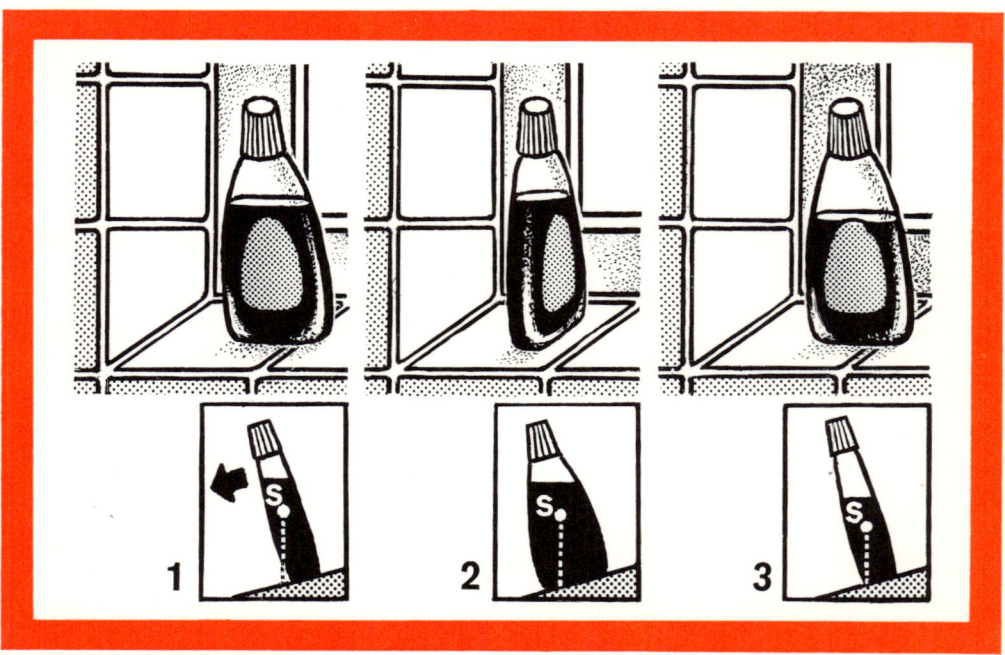

Auf dem Dotter eines Eies ist ein kleiner weißer Fleck, die Keimscheibe. Wie kommt es, daß diese bei einem Spiegelei stets oben auf der Dotterkugel liegt?

Man kann das Ei vor dem Aufschlagen um seine Längsachse beliebig wenden, das Dotter in seinem Innern dreht sich mit der Keimscheibe stets nach oben. Es ist nämlich an einem spiralförmigen Eiweißgebilde, der Hagelschnur, drehbar aufgehängt und hat – wie ein Stehaufmännchen – seinen Schwerpunkt in der unteren Hälfte. Eine sinnvolle Einrichtung der Natur: Die Keimscheibe, aus der sich beim Brüten das Küken entwickelt (der Rest des Eies sind Aufbaustoffe), ist bei jeder Eilage nach oben, der Wärme der Glucke zugekehrt.

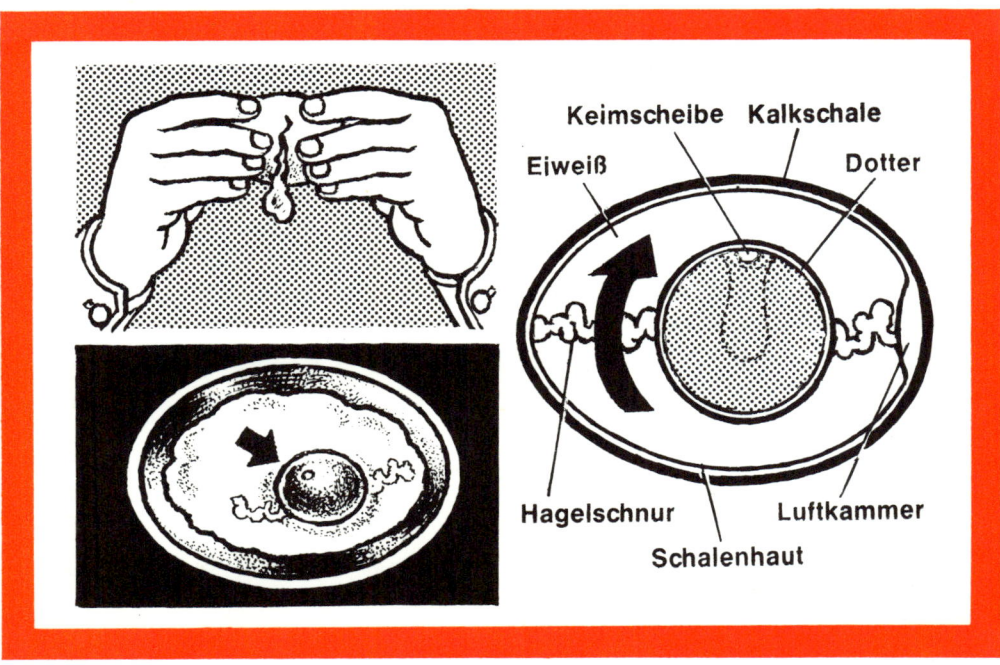

28 Schwerpunkt der Bäume

Eine freistehende Fichte hält dem Sturm besser stand, als eine im Hochwald gewachsene. Wie kommt das?

Da ein freistehender Baum das für sein Wachstum nötige Sonnenlicht von allen Seiten erhält, entwickeln sich Stamm, Äste und Nadeln normal. In einer Schonung oder im Hochwald erreicht das Licht den Baum nur von oben. Es fördert sein Längenwachstum, der Stamm wird schlank und zerbrechlich. Da seine unteren Äste wegen Lichtmangels absterben, liegt sein Schwerpunkt (S) im Vergleich zu einem freistehenden Baum wesentlich höher; sein Stand auf den unmittelbar unter der Erdoberfläche ausgebreiteten Wurzeln ist fast so labil wie der eines auf den Kopf gestellten Stehaufmännchens.

Radfahrer

Arme

Schwer-
punkt

Stahlmast

Stabilität durch Streben 29

Radfahrer können zu zweit auf freier Strecke halten ohne abzusteigen.
Sie stellen sich mit ihren Rädern im Abstand von etwa einem Meter
nebeneinander und ergreifen beide mit einer Hand den benachbarten
Lenkergriff des anderen Rades. Werden die sich überkreuzenden Arme
durchgedrückt, stehen die Räder fest. Warum?
Die Arme verstreben die beiden Radfahrer so, daß sie sich nicht ver-
winkeln und nicht umfallen können. Streben bilden mit senkrechten
und waagerechten Konstruktionsteilen unverschiebbare Dreiecke und
dienen auf diese Weise überall in der Technik, zum Beispiel im Gerüst-,
Brücken- oder Maschinenbau, der Stabilität.

30 Tausendfache Hebelwirkung

Fliegende Teppiche gibt es nur im Märchen, wandernde Teppiche aber in Wirklichkeit: Geht man über einen Teppich, der auf einem Teppichboden liegt, verändert er seine Lage.

Die Haare des Teppichbodens, die durch die besondere Webart alle in einer Richtung stehen, greifen in die Unterseite des aufgelegten Teppichs. Beim Auftreten legen sich die Haare des Teppichbodens zur Seite. Jedes Haar wirkt wie ein Hebel, und die Kraft aller Haare zusammen schiebt bei jedem Tritt den betreffenden Teil des Teppichs um eine Haareslänge weiter.

Ganz ähnlich funktioniert übrigens die Kriechbewegung der Schlangen. Ihre breiten Bauchschuppen werden nacheinander von vorn nach hinten abgewinkelt und wieder angelegt. Sie greifen in die Unebenheiten des Bodens und schieben den Tierkörper vorwärts.

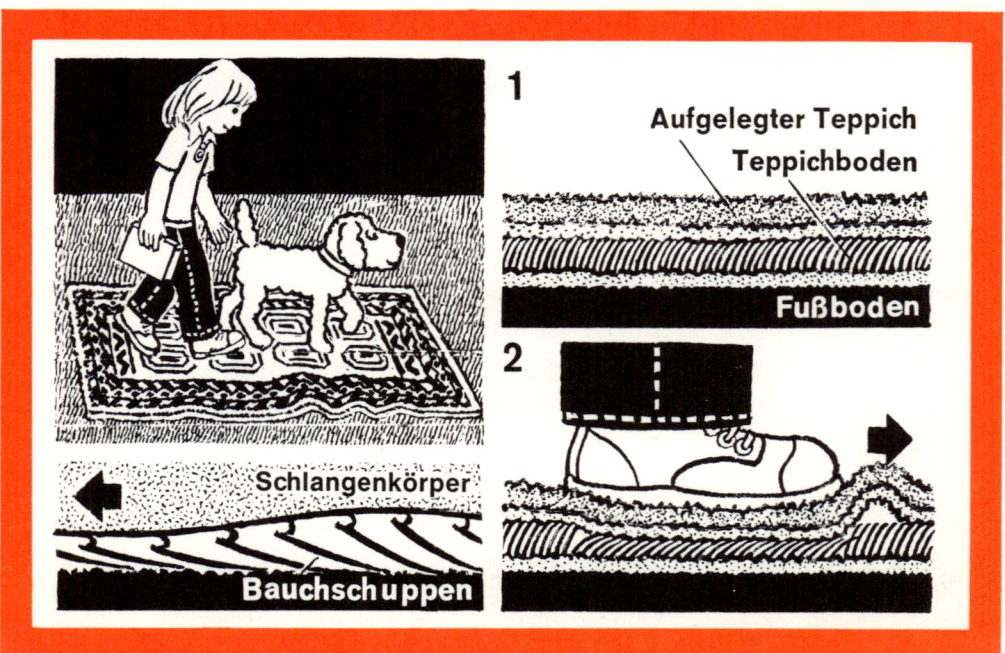

Eine Schubkarre auf eine Treppenstufe zu schieben, bereitet Schwierig-
keiten. Das Gummirad sitzt in dem Winkel fest. Wenn man aber die
Karre wendet und rückwärts zieht, rollt das Rad leicht auf die Stufe.
Die Sache ist einfach zu verstehen, wenn man daran denkt, daß der
Drehpunkt des Rades D an der Stelle ist, wo es die Stufe berührt. Im
Fall 1 setzt die Kraft K (in Verlängerung der Karrengriffe) unterhalb D
an und bewirkt eine unmerkliche Rückwärtsdrehung, wodurch sich der
Reifen im Winkel der Treppenstufe leicht festkeilt. Im Fall 2 wirkt K ober-
halb D und bewegt das Rad die Stufe hinauf.

32 Drehbewegungen einer Garnspule

Eine Garnspule ist fortgerollt, und dabei hat sich ein Stück Faden abgewickelt. Kann man die Spule zurückholen, indem man am Fadenende zieht? Die Antwort ist verblüffend: Zieht man den Faden steil nach oben, rollt die Spule fort; zieht man ihn flach auf sich zu, rollt sie einem entgegen.

Die unterschiedliche Drehbewegung liegt darin begründet, daß die Drehachse D nicht – wie man denken könnte – in der Mitte der Spule liegt, sondern da, wo sie den Boden berührt. Die Kraft K greift in Verlängerung des Fadens an der Spule an und bewegt sie durch Hebelwirkung um die Drehachse. Im Fall 1 setzt K vor D an und dreht die Spule rückwärts, im Fall 2 setzt sie hinter D an und bewirkt eine Vorwärtsdrehung.

Kräfte am Rodelschlitten **33**

Ein Junge zieht seinen Rodelschlitten auf einer glatten Bahn. Nachdem von der Schnur des Schlittens ein Stück abgerissen ist, meint der Junge, der Schlitten lasse sich nun schwerer ziehen als vorher. Hat er recht? Ein Kräfteparallelogramm verdeutlicht, daß die Länge der Schnur wirklich die Fortbewegung beeinflußt. Bei einer langen Schnur (A) zieht der Junge mit der Kraft K leicht schräg nach oben. Sie setzt sich aus 2 Teilkräften zusammen. Wichtig ist allein K_1, sie bewegt den Schlitten vorwärts, während K_2 unnötigerweise den Schlitten anzuheben versucht. Bei verkürzter Schnur (B) ist das Kräfteverhältnis schlechter, K_2 ist gleich geblieben, doch K_1 hat sich verkleinert. Bei einer noch kürzeren Schnur (C) würde der Schlitten mehr gehoben als gezogen, wie man es allenfalls bei hohem Naßschnee macht.

34 Aufteilung der Kräfte

Eine Schnur läßt sich erstaunlich leicht zerreißen, wenn man sie wie auf der Abbildung um die Hand legt und am Ende A ruckartig zieht. Dieses Ende reißt stets über der Schlinge B ab. Warum?

Die auf das Schnurende A wirkende Kraft K überträgt sich beim ruckartigen Ziehen nicht so schnell auf Teil C, sondern unmittelbar auf die Schlinge B. Sie verteilt sich auf ihre beiden Hälften, die am Daumen und Handrücken festsitzen, so daß an jeder nur die halbe Kraft angreift. Das Schnurende A ist also am meisten belastet, und seine Fasern verlieren aufgrund der Reibung über der Schlinge den Zusammenhalt. Ähnlich ist die Kraftverteilung an der losen Rolle eines Krans. Das Seil, das um die Rolle führt, braucht daher nur halb so stark zu sein wie das Seil, das an der Rolle hängt.

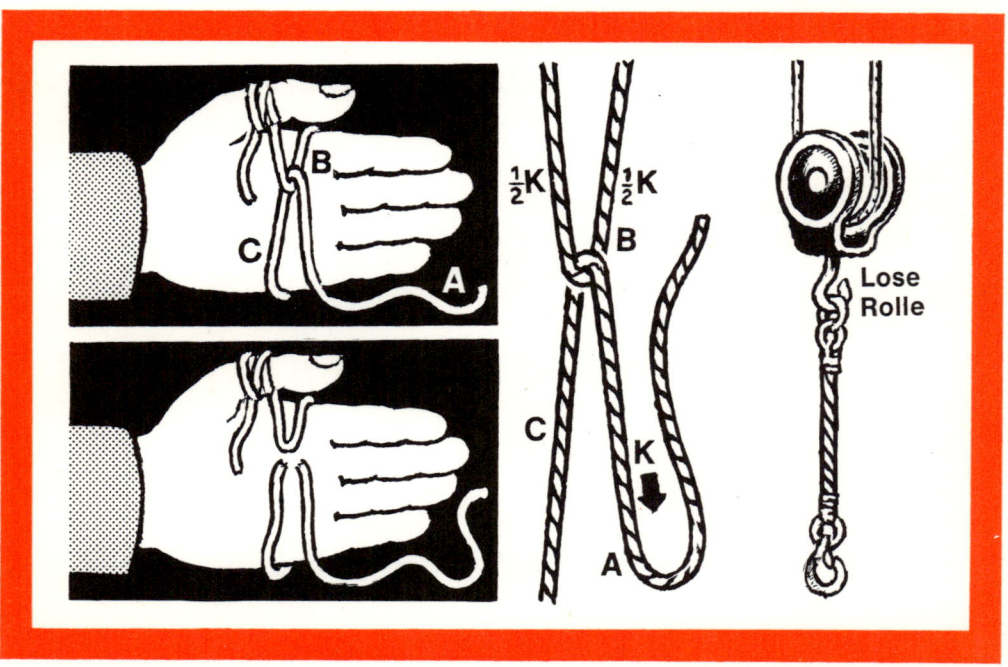

Die eierschalenförmige Staumauer einer Talsperre ist stets zum Stausee hin gewölbt, niemals zum Tal. Warum?

Der gewaltige Druck des Wassers wird von dem Stahlbetonbogen seitwärts auf die Felswände übertragen. Wäre die Mauer zum Tal hin gewölbt, würde der Wasserdruck sich in ihrer Mitte konzentrieren und die Mauer zerbrechen.

Experiment zum Vergleich: Man legt ein Pfennigstück in eine leere Weinflasche (im Plastikbeutel!) und schwingt sie mehrmals heftig abwärts. Die Münze durchschlägt das Glas. Von der Außenseite wäre ein wesentlich größerer Druck nötig, um das Glas zu zerbrechen.

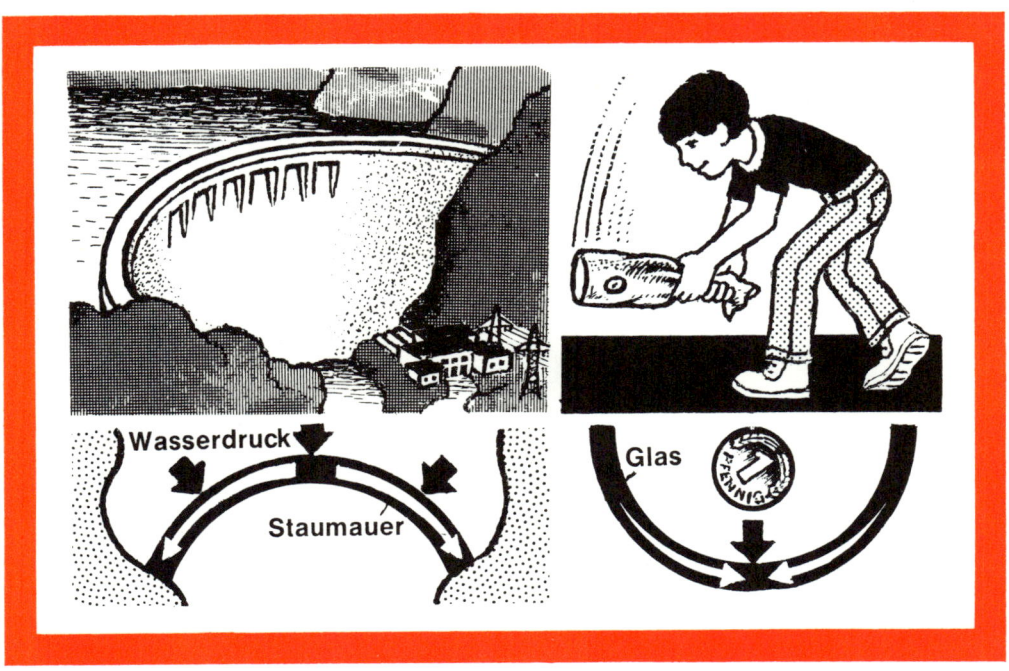

36 Trägheitsgesetz in der Bahn

Auf dem Boden eines Bahnabteils liegt eine leere Flasche. Sie rollt bei jedem Anhalten und Abfahren des Zuges hin und her. Welche Kraft bewegt sie?

Jeder Körper hat das Bestreben, in der Ruhe oder Bewegung zu beharren, in der er sich gerade befindet. Er setzt jeder Änderung seines Bewegungszustandes einen Widerstand entgegen, den man Trägheit nennt. Beim Anfahren will die Flasche in ihrer Ruhelage beharren, der Waggonboden zieht sich förmlich unter ihr weg. Beim Abbremsen will sie die Bewegung der Bahn beibehalten und rollt in Fahrtrichtung.

Bei gleichförmiger Bewegung der Bahn liegt die Flasche ruhig. Auch ein Reisender empfindet dann keine besondere Krafteinwirkung auf seinen Körper, so daß er bei geschlossenen Augen nicht sagen könnte, in welche Richtung er fährt.

Beweis der Trägheit 37

Ein Fliesenleger wird mit seinem Wagen von der Polizei gestoppt und beschuldigt, er habe kurz zuvor an einer Kreuzung durch plötzliches, scharfes Bremsen einen Auffahr-Unfall nachfolgender Autos verursacht. Was beweist, daß der Fahrer vorsichtig gefahren ist und behutsam gebremst hat?

Die Stapel der Fliesen im Laderaum stehen gerade. Hätte der Fahrer scharf gebremst, wären die Fliesen, die entsprechend ihrem Gewicht eine große Trägheit haben und wegen der geringen Reibung auf ihren glatten Flächen leicht rutschen, in Fahrtrichtung geflogen. Trägheit nennt man das Beharren eines Körpers in dem Ruhe- oder Bewegungszustand, in dem er sich gerade befindet.

38 Genutzte Trägheit

Beim Holzhacken holt ein Junge mit dem Beil aus, auf dessen Schneide ein großes, astreiches Stück Holz festsitzt, dann schlägt er mit dem Beilrücken auf den Hauklotz. Warum arbeitet er in diesem Fall so? Da das Stück Holz schwerer als das Beil ist, hat es auch eine größere Trägheit, das Bestreben, in der augenblicklichen Bewegung zu beharren. Beim Hieb schiebt es sich folglich mit größerer Wucht auf die Schneide, als es umgekehrt der Fall wäre. Ein kleines Holzstück hackt der Junge auf übliche Art. Jetzt hat das Beil die größere Trägheit und schneidet tiefer ins Holz ein.

Schwenkt man eine Laterne hin und her, bemerkt man, daß sich die Flamme dabei von einer Seite zur anderen bewegt. Aber eigenartigerweise neigt sie sich in die Bewegungsrichtung und nicht, wie man erwarten könnte, in die entgegengesetzte Richtung. Woran liegt das? Da die Luft in der Laterne kühler und damit schwerer ist als das erhitzte Gas in der Flamme, hat die Luft auch eine größere Trägheit. Ähnlich wie sich Wasser beim Schwenken eines Gefäßes am Rand staut, drückt die Luft gegen die der Bewegungsrichtung entgegengesetzte Seite der Laterne und verdichtet sich dort. Die Flamme weicht jedesmal zur luftverdünnten Seite hin aus.

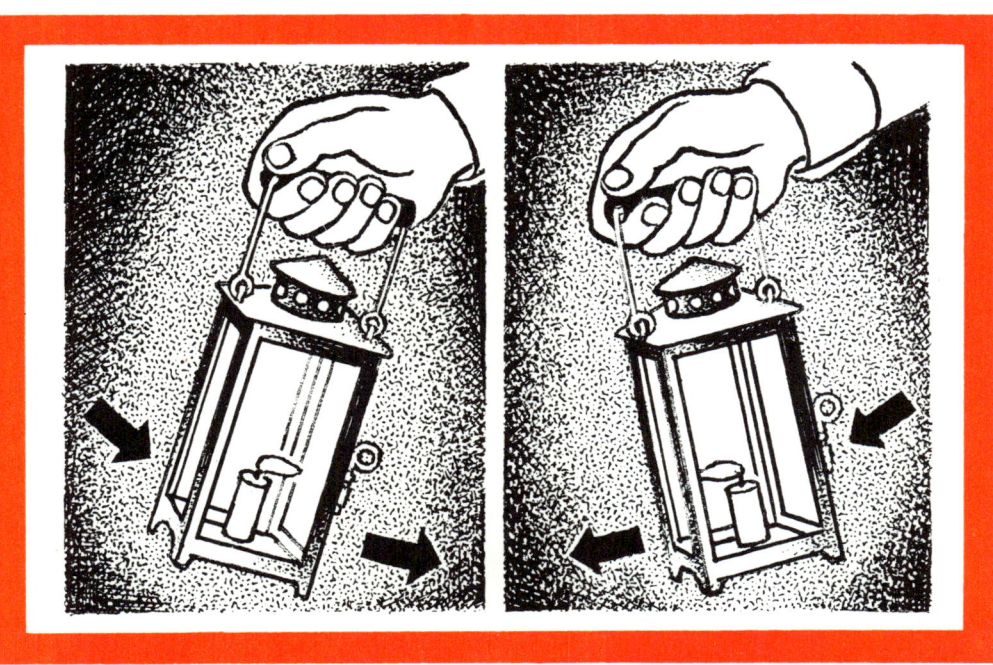

40 Spur der Fliehkraft

Eine Reitbahn, auf der die Pferde im Kreis laufen, wird mit der Zeit immer schräger. Außen ist sie dann wie der Rand eines Tellers beachtlich höher als innen. Wie kommt das?

Beim Rundlauf wirkt auf Pferd und Reiter die Fliehkraft, die vom Reitbahn-Mittelpunkt nach außen gerichtet ist. Das sieht man an den Erdklümpchen, die von den Hufen der Pferde abfallen. Sie machen die kreisförmige Bewegung der Pferde nicht mit, sondern fliegen jeweils ein kleines Stück nach außen in Richtung Kreistangente (Pfeile).

Die gleiche Fliehkraft wird beim Umrühren des Kaffees in der Tasse sichtbar. Die Flüssigkeitsteilchen bewegen sich zum Rand und stauen sich dort.

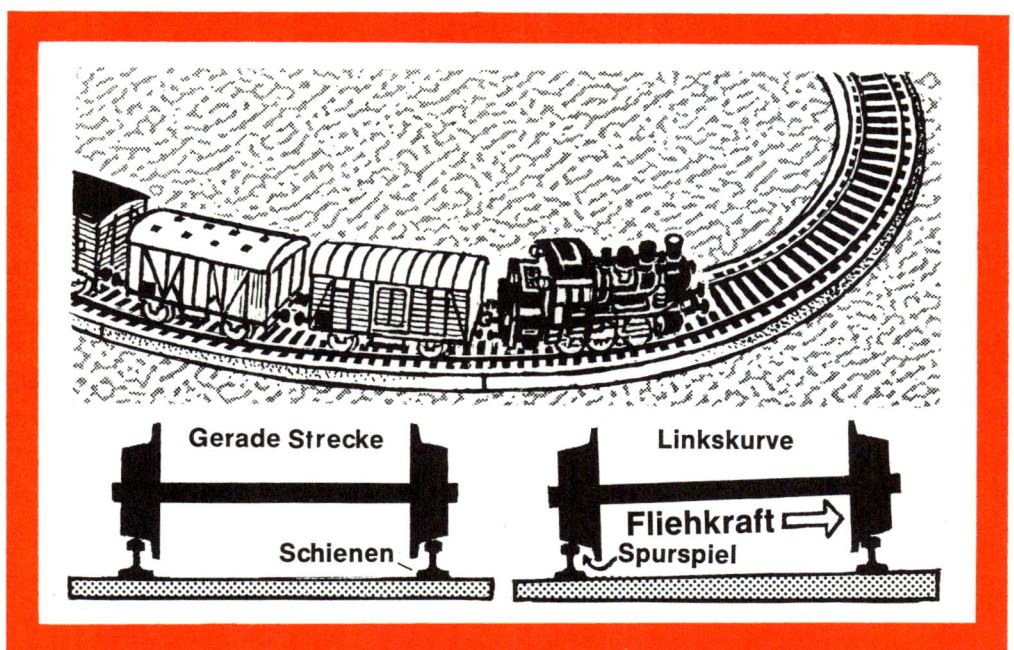

Gerade Strecke
Linkskurve
Schienen
Fliehkraft ▭▷
Spurspiel

Veränderlicher Radumfang **41**

Bei einem 72 cm großen Gleiskreis einer HO-Spielzeugeisenbahn ist der
äußere Schienenkreis 13 cm länger als der innere. Auf den äußeren Schienen müßten sich also die Räder der Bahn schneller drehen als auf den
inneren; sie sitzen aber fest auf der Achse. Wie löst sich das Problem?
Die Räder haben – genau wie bei den großen Bahnen – etwas Spurspiel
im Gleis und kegelige Laufflächen. Bei seitlicher Verschiebung auf den
Schienen rollen sie somit auf unterschiedlichem Durchmesser. Das
geschieht schon auf gerader Strecke, indem die Bahn bei der Spursuche
eine leichte Schlängelfahrt macht. In der Kurve kommt die Fliehkraft
hinzu: Die Räder verschieben sich so, daß sie auf der Außenschiene auf
einem größeren Radumfang rollen und einen größeren Weg zurücklegen
als auf der Innenschiene.

42 Aktion und Reaktion

Manch einer glaubt, daß man sich auf der Waage „schwerer machen" kann, indem man langsam in die Kniebeuge geht. Stimmt das, und verringert sich umgekehrt das angezeigte Gewicht, wenn man die Arme hochwirft?

Hier ist das Gesetz des englischen Physikers Newton gültig: Jede Aktion bewirkt eine gleich große Reaktion. Das Hochwerfen der Arme verursacht einen verstärkten Druck auf die Waage, und ihr Zeiger bewegt sich nach rechts. Erst wenn die Arme ausgestreckt sind und wegen ihrer Trägheit in der Bewegung beharren wollen, läßt der Druck auf die Waage nach, und der Zeiger schlägt kurz nach links aus.

Umgekehrt zeigt die Waage während der Kniebeuge weniger Gewicht an. Erst wenn man die Bewegung beendet hat, zeigt die Waage mehr Gewicht an.

Auf der Ladefläche der Güterwagen, die an einer Verladerampe abgestellt sind, rollt ein schwer beladenes Lastauto entlang. Warum müssen die Güterwagen auf den Schienen festgemacht sein?
Ohne Befestigung würden die Güterwagen unter dem fahrenden Lastauto langsam nach hinten wegrollen. Nach Newtons Gesetz ruft jede Bewegung eine Gegenbewegung in entgegengesetzter Richtung hervor.
Experiment: Legt man ein Lineal über zwei runde Bleistifte und stellt ein aufgezogenes Spielzeug darauf, bewegt sich dieses vorwärts, das Lineal rückwärts. Bei gleicher Masse haben beide Teile gleiche Geschwindigkeit. Hat das Lineal mehr Masse als das Spielzeug, rollt das Spielzeug schneller. Hat das Lineal weniger Masse als das Spielzeug, rollt das Lineal schneller.

44 Gesetz des Archimedes

Ein Angler hat einen Schuh am Haken. Solange dieser noch im Wasser ist, bleibt die Angelrute ziemlich gerade. Nach dem Herausziehen aber biegt sie sich stark herab. Woran liegt das?

Nach dem Gesetz des griechischen Naturforschers Archimedes verliert ein in eine Flüssigkeit getauchter Körper so viel an Gewicht, wie die von ihm verdrängte Flüssigkeitsmenge wiegt. Diesen scheinbaren Gewichtsverlust nennt man Auftrieb. Der untergetauchte Schuh hat so viel Auftrieb, daß er nur wenig schwerer als Wasser ist. Nach dem Herausziehen zeigt sich das eigentliche Gewicht des Schuhs und zusätzlich die Last des in ihm enthaltenen Wassers.

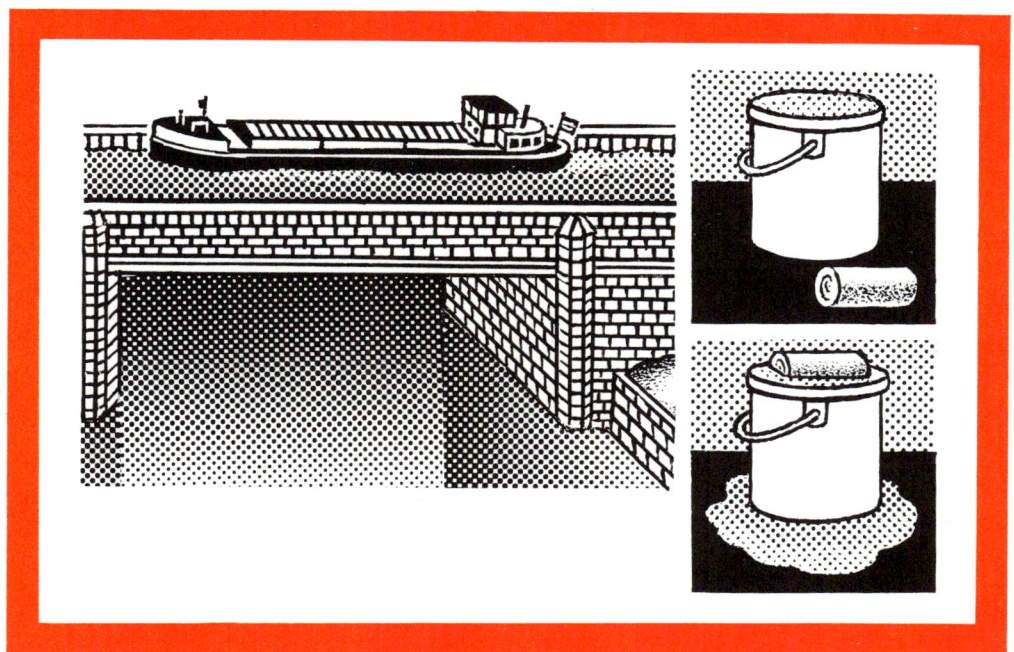

Gewicht und Wasserverdrängung 45

Bei Minden kreuzt der Mittellandkanal über eine Brücke die Weser. Inwieweit ändert sich die Belastung der Brücke, wenn ein schwerbeladener Lastkahn darüberfährt?
Auch hier ist das Gesetz des Archimedes gültig: Die von einem schwimmenden Schiff verdrängte Wassermenge wiegt genauso viel wie das Schiff selbst. Da sich die Wasserverdrängung des Schiffes während der Fahrt zwischen Kanal-Brücke-Kanal ausgleicht, also der Wasserspiegel auf der Brücke nicht steigt, findet keine Gewichtszunahme statt.
Ebenso bleibt das Gewicht eines bis an den Rand mit Wasser gefüllten Eimers gleich, wenn man einen Holzklotz auf das Wasser legt. Der Klotz wiegt genauso viel wie die Wassermenge, die er zum Überlaufen bringt.

46 Luft im Hühnerei

Legt man ein Hühnerei in einen Topf mit Wasser, läßt sich am Winkel seiner Längsachse zum Topfboden das Alter des Eies abschätzen. Ein frisches Ei liegt im Wasser nämlich waagerecht, ein 30 Tage altes Ei stellt sich auf die Spitze. Wie erklärt sich der Unterschied?

Je älter ein Ei, desto größer ist – infolge Wasserverdunstung – seine Luftkammer, und desto leichter ist sein dickes Ende. Durch die Eierschale findet ein ständiger Luftaustausch statt, wobei Wasser aus seinem Innern mit verdunstet. Sauerstoff wird gebraucht, sobald nach der Befruchtung die Zellteilung in der Keimscheibe und damit die Entwicklung des Kükens einsetzt. Die Eischale hat Poren: Wenn das Ei in heißem Wasser liegt, tritt aus ihnen die erhitzte und sich ausdehnende Luft aus.

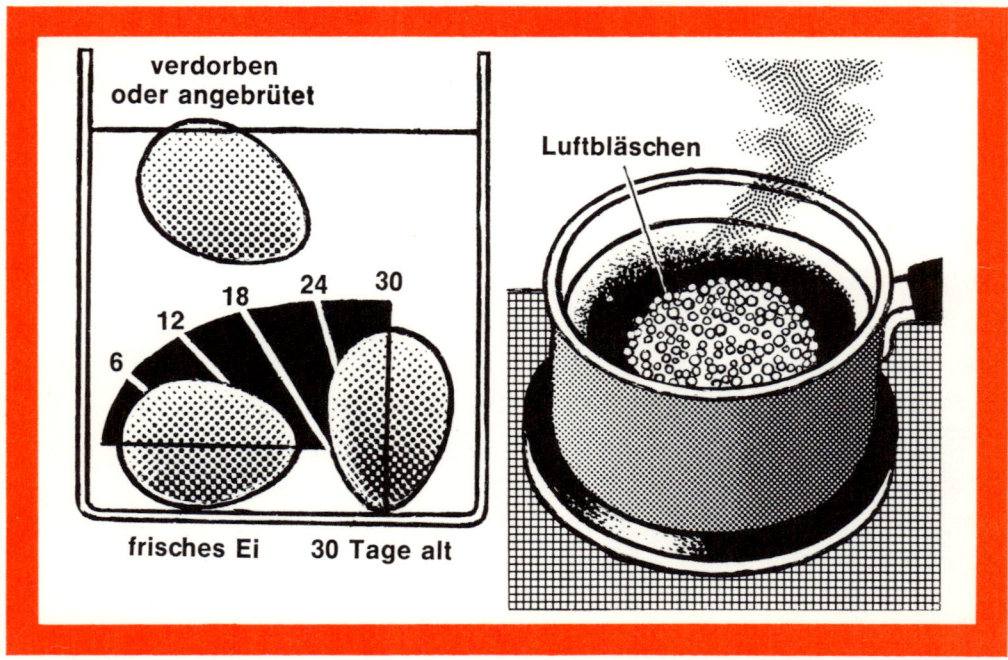

Ein Pfirsich, den man in ein Glas Sekt oder Selterswasser legt, dreht sich eine ganze Weile wie ein Rad. Wie funktioniert das?

Nach dem Eingießen entweicht das in der Flüssigkeit unter Druck gelöste Kohlendioxid. Das Gas sammelt sich in Bläschen an der samtartigen Pfirsichhaut, weil auf ihren Härchen die Flüssigkeit besonders viel Berührungsfläche hat. Sobald eine Hälfte des Pfirsichs größeren Auftrieb hat, dreht sie sich nach oben. Da die Bläschen an der Luft zerplatzen und sich unten immer wieder neue ansetzen, bleibt das Übergewicht auf der einen Seite erhalten.

Ein Mühlrad arbeitet nicht viel anders. Während aber dieses durch das Gewicht des Wassers bewegt wird, dreht sich der „Kullerpfirsich" durch den Auftrieb der Gasbläschen.

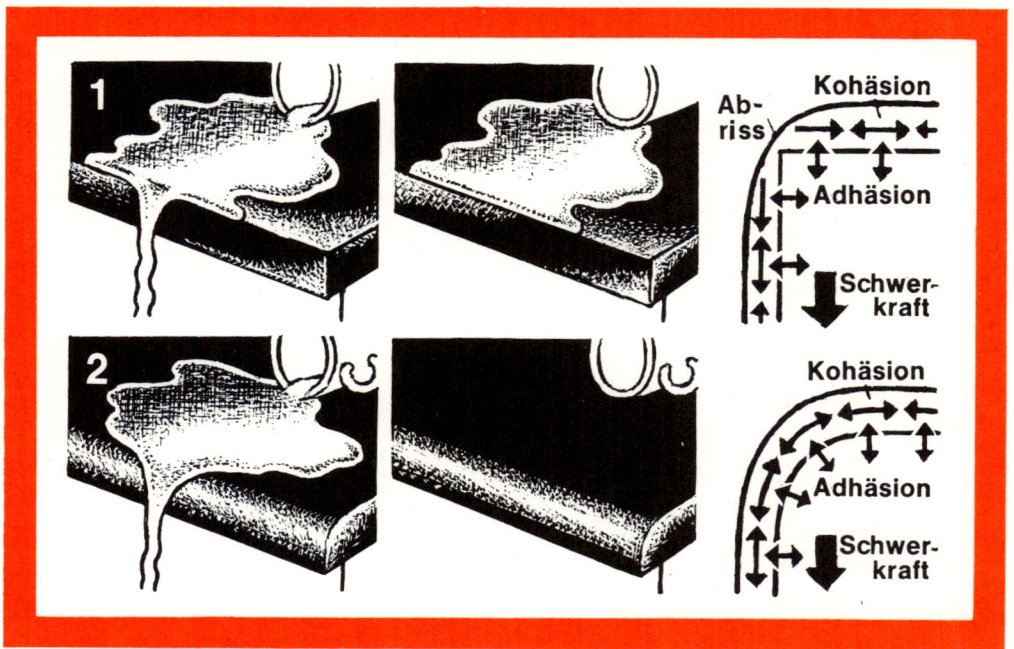

Kohäsion

Ab-
riss

Adhäsion

Schwer-
kraft

Kohäsion

Adhäsion

Schwer-
kraft

48 Kräfte in einer Wasserlache

Wenn auf einem Küchentisch mit glatter Kunststoffplatte Wasser ver-
gossen wird, hängt es von der Kante ab, wieviel nach unten läuft. Über
eine rechtwinklige Kante läuft nur das Wasser, das beim Auskippen
hinüberschwappt, dann reißt es ab (1). Das über eine abgerundete Kante
laufende Wasser zieht die ganze Wasserlache nach (2). Warum ist
das so?
Fließendes Wasser folgt zunächst der Schwerkraft. An einer scharfen
Tischkante wird die Kohäsion des Wassers, die Anziehungskraft zwischen den Wassermolekülen, unterbrochen. Über einer abgerundeten
Kante bleibt die Kohäsion erhalten. Sie ist hier sogar stärker als die
Adhäsion, die Anziehung zwischen den Molekülen des Wassers und
des Kunststoffs. Deshalb perlt das restliche Wasser ab, und die Platte
ist sofort trocken.

Unsichtbare Wasserhaut 49

Obwohl die Plane eines Zeltes feine Löcher hat, kommt bei Regen kein Wasser durch. Warum nicht?

Die Moleküle in einem Wassertropfen (hier als Punkte dargestellt) ziehen sich im Innern von allen Seiten gleich stark an. An der Oberfläche aber fehlt die Kraft auf einer Seite, die Moleküle werden nur ins Tropfeninnere angezogen und verdichten sich folglich zu einer feinen Haut. Diese Oberflächenspannung hält das Wasser in den feinen Löchern des Gewebes, dessen Fäden durch ein Imprägnierungsmittel wasserabstoßend gemacht worden sind.

Experiment: Man hält ein Küchensieb (Drahtwölbung etwas abflachen) über ein randvoll mit Wasser gefülltes Bierglas, preßt die Hand darauf und dreht das Ganze um. Zieht man die Hand weg, läuft kein oder nur wenig Wasser durch das Sieb.

50 Erkennbare Druckunterschiede

Beim Biereinschenken gluckert es in der Flasche: Abwechselnd läuft Bier heraus und strömt Luft hinein. Dabei bilden sich Blasen aus feiner Flüssigkeitshaut. Wie erklärt es sich, daß sich jeweils kleinere Blasen in größere hineinwölben?

Je kleiner eine Blase, desto dicker ist ihre Haut und desto stärker ihre Oberflächenspannung, die Anziehungskraft zwischen den Flüssigkeitsmolekülen an der Luftblasenoberfläche. Wegen der unterschiedlichen Spannung ist der Druck auf die eingeschlossene Luft in kleinen Blasen stärker als in großen.

Bei Luftballons ist das gerade umgekehrt: Je größer sie aufgeblasen sind, desto stärker ist im Inneren der Luftdruck aufgrund der elastischen Spannung der Gummihaut.

Wenn man im Frühjahr knospende Zweige von einer Birke abschneidet, beginnt aus der Schnittstelle ein klarer Saft zu tropfen. Wie ist das „Bluten" des Baumes zu erklären?

Im Frühjahr wird besonders viel Wasser mit gelösten Nährstoffen von den Wurzeln zu den Knospen emporgeleitet. Der Transport geschieht durch Druck aus den Wurzeln, aber auch durch Kapillarität: Die Moleküle des Wassers und des Holzes ziehen sich gegenseitig an, und dadurch steigt der Saft in den schlauchartigen Poren des Leitgewebes empor.

Experiment: Man steckt eine lange, dünne Stricknadel durch einen Plastikhalm und biegt ihn U-förmig. Hängt man ihn über den Rand eines mit Wasser gefüllten Glases, dann steigt das Wasser infolge Kapillarität über die Krümmung hinweg und tropft heraus.

Leitgewebe

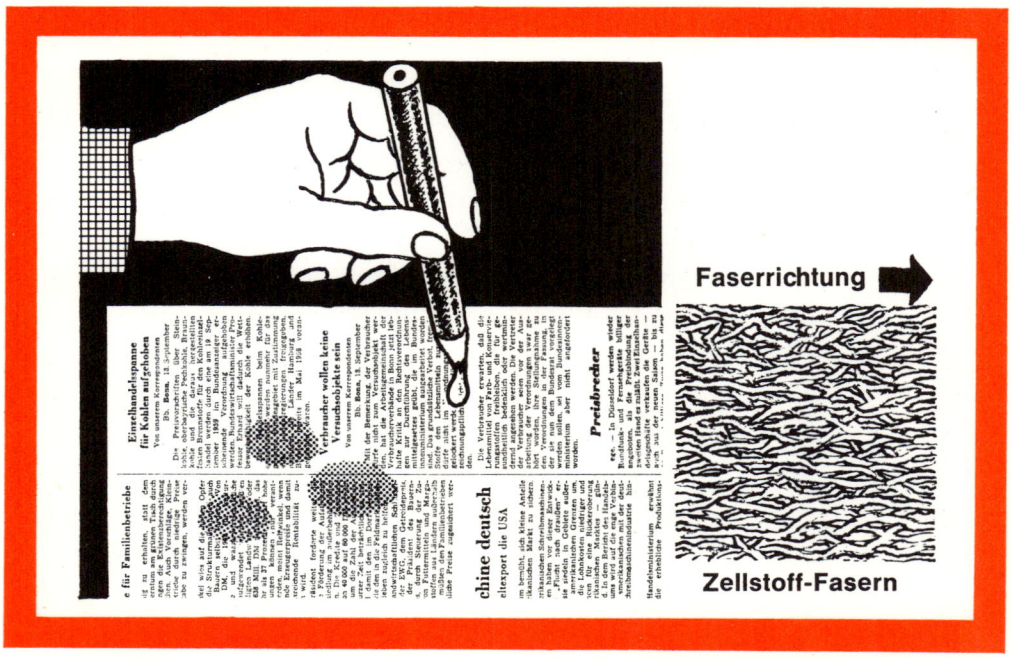

Faserrichtung

Zellstoff-Fasern

52 Ausdehnung von Wasserflecken

Wenn Wassertropfen auf Zeitungspapier fallen, nehmen die anfangs kreisrunden, nassen Flecken eigenartigerweise ovale Form an.

Die Erklärung hierfür liegt in der Richtung der pflanzlichen Fasern, aus denen das Papier größtenteils besteht. In diesen hauchfeinen Kapillarröhrchen dringt das Wasser – wie bei der lebenden Pflanze – leicht vor. Quer zu den Papierfasern ist die Saugwirkung nicht so groß. Der ovale Fleck verrät also die Faserrichtung des Papiers.

Wo auf dem Papier Bilder und größere Buchstaben aufgedruckt sind, breiten sich die Wasserflecken wesentlich geringer aus. Die Saugwirkung der Fasern ist vermindert, weil sie zum großen Teil schon die fetthaltige Druckfarbe aufgenommen haben.

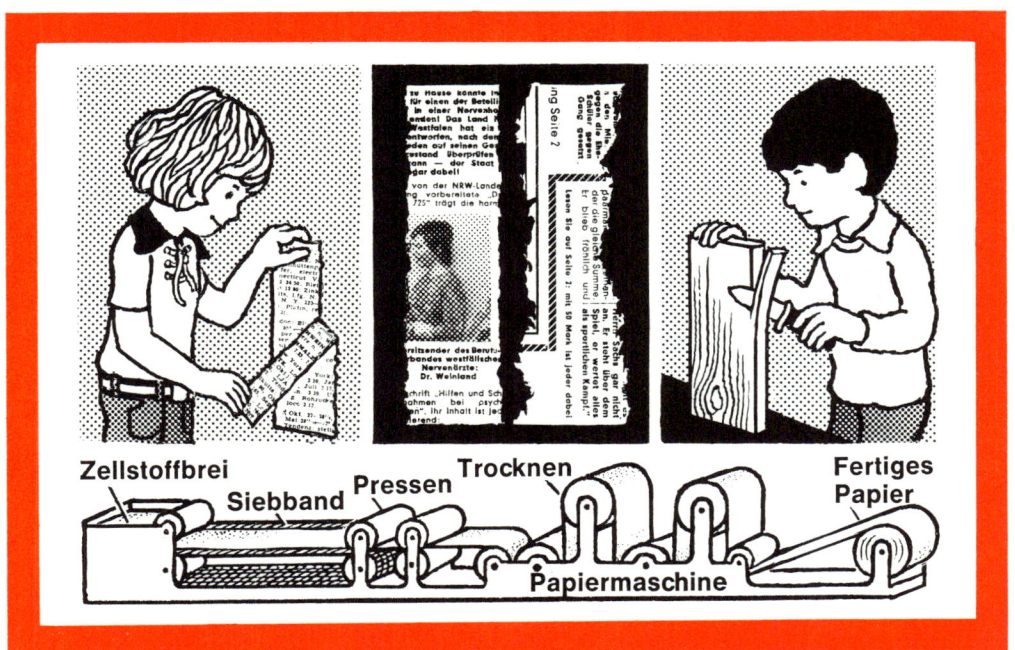

Zellstoffbrei **Trocknen** **Fertiges Papier**

Siebband **Pressen**

Papiermaschine

Reißprobe mit Papier 53

Wenn man Zeitungspapier in Streifen reißt, bilden sich quer zu den Zeilen ziemlich gerade und glatte Reißkanten, parallel zu ihnen aber krumme und gezackte. Woran liegt das?

Ähnlich wie Holz, das sich längs der Fasern leichter zerteilen läßt als quer dazu, hat auch Papier eine Faserrichtung. Bei seiner Herstellung läuft der aus Holz zubereitete Zellstoffbrei auf ein laufendes Siebband. Dabei legen sich die in ihm enthaltenen Fasern in Laufrichtung der Maschine. Das nach dem Leimen, Walzen und Trocknen fertige Papier hat somit quer zur Faserrichtung größere Reißfestigkeit. Diese Tatsache ist bei der Weiterverarbeitung des Papiers beim Drucken, Buchbinden, Basteln von großer Wichtigkeit.

54 Wasserdruck in feinen Röhrchen

Wenn man einen Teebeutel nach dem Aufbrühen am Faden aus der Tasse zieht, dreht er sich eine Weile. Warum?
Der Faden besteht aus Spiralen von gedrehten Baumwollfasern, feinen Haarröhrchen, die Wasser aufnehmen (A). Da sie dabei dicker werden, entsteht zwischen den Spiralen ein Druck: Der Faden dreht sich auseinander und wird länger (B).
In einem Baumwollstoff sind die Fäden fest verwoben, so daß sie sich beim Naßwerden nicht drehen können. Ihre Spiralen drücken sich in die Breite: Die Fäden werden dicker und kürzer, der Stoff läuft ein (C).

Ein Freund, der vor einigen Monaten Nichtraucher geworden ist, stellt mit Erstaunen fest, daß seine Tabakpfeifen Risse bekommen haben. Wie ist es dazu gekommen?

Beim Verbrennen des Tabaks verwandelt sich die in den Blättchen enthaltene Feuchtigkeit zu Wasserdampf, dringt in die Poren des Pfeifenholzes ein und läßt es im Lauf der Zeit aufquellen. Gleichzeitig setzt sich an der Innenwand Tabakschlacke ab, die bald eine dicke Schicht bildet. Wird die Pfeife nicht mehr geraucht, trocknet das Holz aus und schrumpft zusammen. Da aber die steinharte Schlackenschicht ihre Form beibehält, entsteht eine Spannung, die das Holz reißen läßt.

Tabak-
schlacke

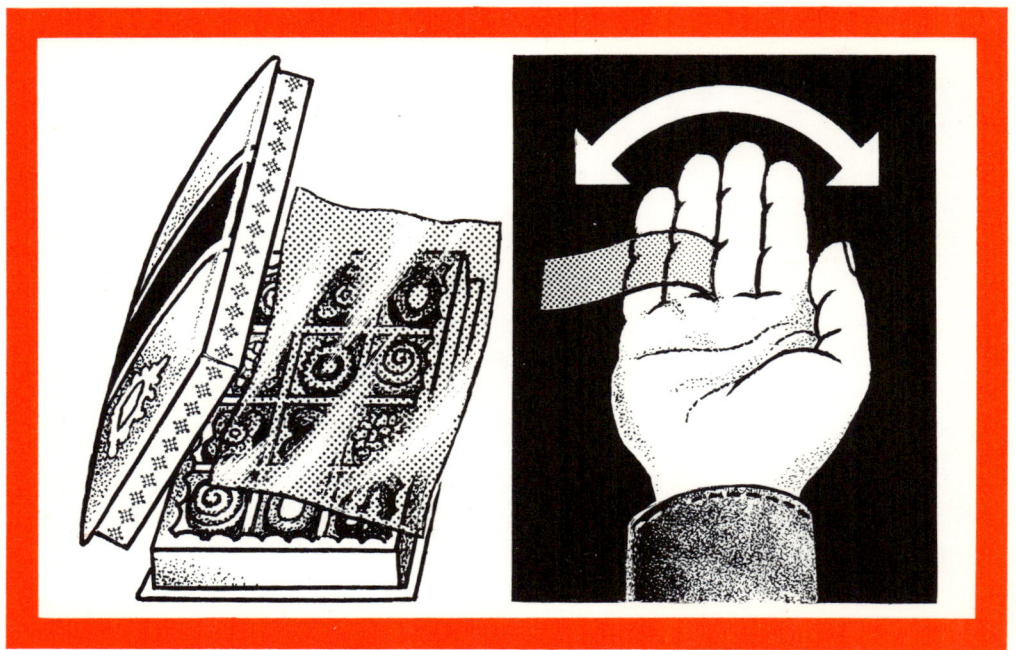

56 Sichtbare Molekularkraft

In einer Pralinenpackung findet man ein durchsichtiges Deckblatt aus Zellglas, einem cellophanähnlichen Material. Es dient einem ganz besonderem Zweck: Das Blatt reguliert die Feuchtigkeit in der Packung. Zellglas, ein aus Holz gewonnenes Zelluloseprodukt, ist hygroskopisch, das heißt, es nimmt Wasserdampf aus der Luft auf, indem es sich ausdehnt.

Experiment: Ein etwa 8 cm langer Streifen Zellglas, den man zwischen die Finger der flachen Hand klemmt, legt sich fortwährend von einer Seite auf die andere. Die jeweils der Hand zugewandte Seite dehnt sich aus, indem sie aus den Poren der Haut strömende Wasserteilchen aufnimmt. Nach dem Umwenden gibt sie diese an die trockene Luft ab und so fort.

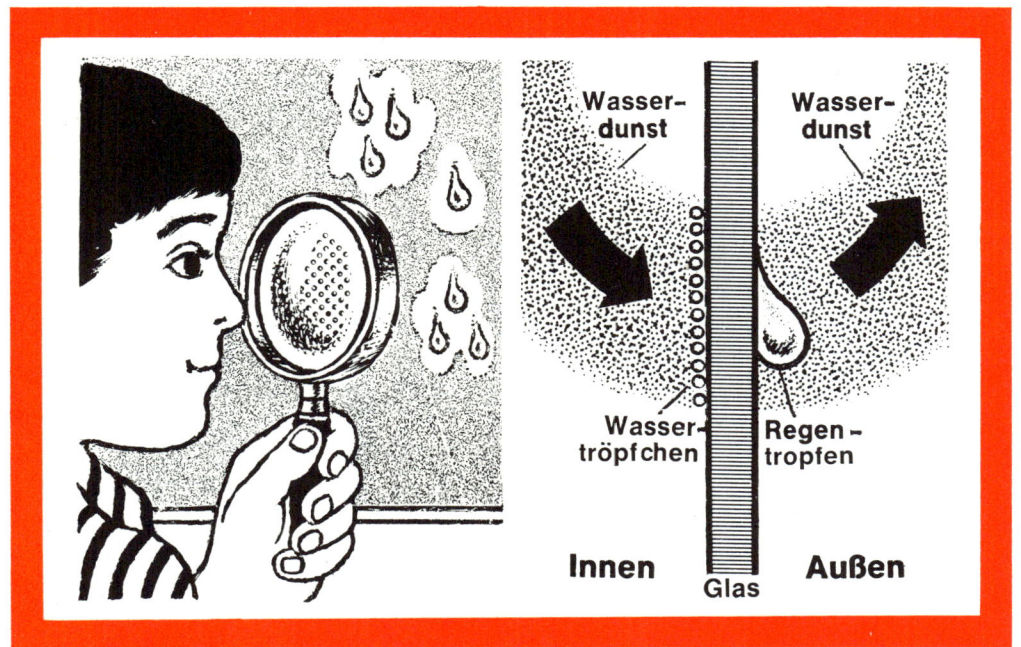

Wasser-
dunst

Wasser-
dunst

Wasser-
tröpfchen

Regen-
tropfen

Innen

Außen

Glas

Verdunstung und Kondensation 57

Überall da, wo bei windigem Wetter Regentropfen außen an der Fenster-
scheibe hängen, ist sie von innen beschlagen. Woher kommt die Feuchtigkeit?
Es handelt sich hier um eine interessante Wechselwirkung der Luftfeuchtigkeit: Die Tropfen an der Außenseite der Scheibe verdunsten im
Wind. Dabei wird Wärme verbraucht, und diese wird dem Glas in der
Umgebung der Tropfen entzogen. An der Innenseite kühlt sich die warme,
viel Wasserdampf enthaltende Zimmerluft beim Vorbeiziehen an den
kalten Stellen des Glases ab. Da aber die abgekühlte Luft nicht so viel
Feuchtigkeit halten kann wie warme Luft, kondensiert ein Teil des Was-
serdampfes. Das heißt, er verflüssigt sich und schlägt sich als winzige
Wassertröpfchen an der Scheibe nieder, wie man durch eine Lupe
erkennen kann.

58 Kondenswolke in der Flasche

Wenn man eine Limonadeflasche öffnet, bildet sich in ihrem Hals meist eine kleine Kondenswolke. Wie kommt das?

Die mit Wasserdampf gesättigte Luft im Hohlraum der geschlossenen Flasche wird durch das in der Limonade gelöste Kohlendioxidgas zusammengepreßt. Beim Öffnen entspannt sich die Luft und kühlt sich ab (also genau umgekehrt wie die Luft in einer Fahrradpumpe, die sich infolge Zusammenpressens erwärmt). Die abgekühlte Luft kann nicht mehr so viel Wasserdampf halten und scheidet einen Teil als feine Tröpfchen aus.

Die Kondensstreifen am Himmel entstehen ganz ähnlich: Aus dem Triebwerk eines Flugzeuges schießt ein Strahl von Verbrennungsgasen. Sie enthalten u. a. Wasserdampf, der sich bei der Entspannung und Abkühlung zu Tröpfchen verdichtet.

In einem Hallenschwimmbad werden an kalten Tagen auf den Außenwänden die Mauerfugen sichtbar, sie zeichnen sich auf dem glatten und weiß gestrichenen Putz als dunkle Linien ab. Woran liegt das? Hier kann man die unterschiedliche Wärmeleitfähigkeit der Bausteine und des Mörtels erkennen: Wegen der in ihren Poren und Kammern eingeschlossenen Luft leiten die Steine die Wärme nur schlecht nach draußen. Durch den kompakten Zementmörtel zwischen den Steinen aber kann sich die Wärme schnell von Molekül zu Molekül übertragen. Da der Mörtel durch den Wärmeverlust kühler ist, setzen sich über den Fugen aus der warmen, feuchtigkeitsgesättigten Raumluft Wassertröpfchen ab. Die Feuchtigkeit dringt infolge Kapillarität in den Mörtel ein und schluckt einen Teil der darauffallenden Lichtstrahlen.

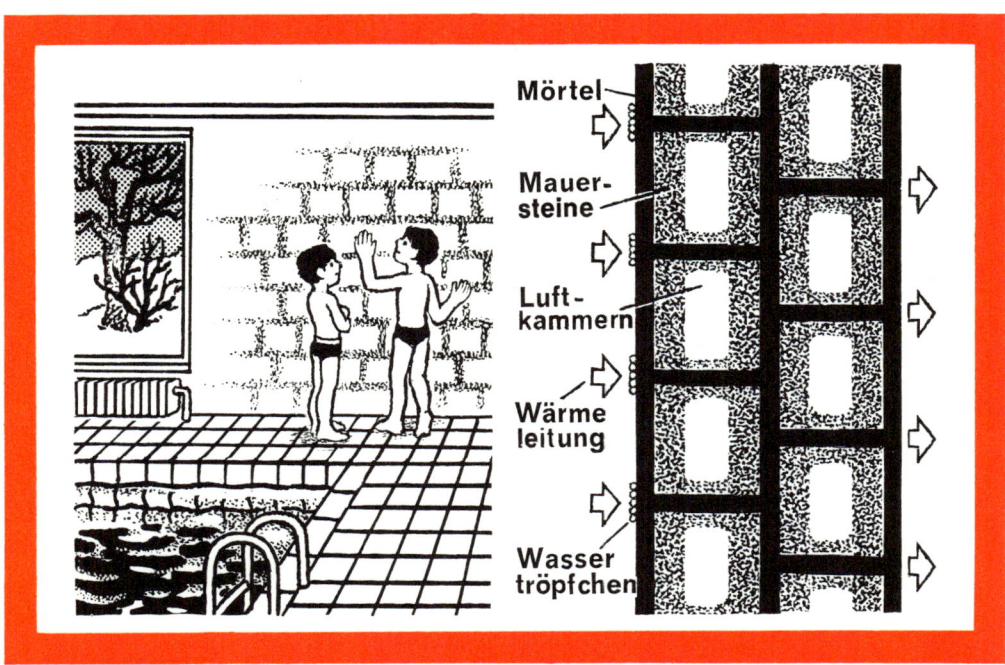

Mörtel
Mauer-
steine
Luft-
kammern
Wärme
leitung
Wasser
tröpfchen

60 Luftstrom vor der Wand

Wenn in einem Zimmer die Bilder abgehängt werden, sieht man oft dunkle Ränder an den Wänden. Wie entstehen sie und woran liegt es, daß sie an Außenwänden besonders dunkel sind?

Die von der Heizung aufsteigende und im Zimmer zirkulierende Luft kühlt sich an den Wänden ab und strömt unmittelbar vor der Tapete zum Fußboden. Wegen der wärmeisolierenden Wirkung des Holzes bleibt es hinter den Bilderrahmen besonders kühl, um so mehr, wenn es sich um eine Außenwand handelt. Die durchstreichende, warme und feuchte Zimmerluft scheidet hier infolge Abkühlung winzige Wassertröpfchen ab, und mitgeführter Staub setzt sich auf ihnen fest. Die Geisterränder sind also ein Zeichen dafür, daß die Wände unzureichend wärmeisoliert sind.

am Tage

am Abend

Wärmeaufnahme und Wärmeabstrahlung 61

Ein Junge läßt sein Fahrrad an einem trockenen, klaren Tag draußen stehen. Am Abend stellt er fest, daß der Sattel von Tautropfen bedeckt ist, während Rahmen und Lenker trocken sind. Wie erklärt sich das? Tagsüber nimmt der dunkle, matte Kunststoffbezug des Sattels die Wärmestrahlen der Sonne wesentlich schneller auf als das helle, blanke Metall. Umgekehrt strahlt der Sattel nach Sonnenuntergang die gespeicherte Wärme wesentlich schneller ab. Die über den Sattel ziehende Luft kühlt sich folglich bis zum Taupunkt ab, d. h. bis zu der Temperatur, bei der die Luft mit Wasserdampf gesättigt ist und überschüssige Feuchtigkeit ausscheidet.

Tau ist ein Schönwetterzeichen: Er bildet sich bei ruhigem Wetter und klarem Himmel, wenn die Wärmeabstrahlung von der Erde ins All besonders stark ist.

62 Wind und Sonnenstrahlen

An einer in Ostwestrichtung gespannten Leine flattert bunte Wäsche in der Mittagssonne. Ein kräftiger Wind weht an diesem Tag aus wechselnden Richtungen. Trocknet diese Wäsche schneller bei Nord- oder bei Südwind, wenn man annimmt, daß Lufttemperatur und Luftfeuchtigkeit gleichbleiben?
Bei Nordwind trocknet die Wäsche schneller, er bewegt sie nämlich so, daß sie von vielen steil auftreffenden Sonnenstrahlen erwärmt wird. Bei Südwind treffen nur wenige Strahlen sehr flach auf. Der Unterschied wird an der Größe des Schattens deutlich.
Je steiler die Sonnenstrahlen, desto mehr treffen auf eine waagerechte Fläche und desto stärker ist deren Erwärmung. Die Winkel, unter denen die Sonnenstrahlen in den verschiedenen Breiten auf die Erdkugel auftreffen, bestimmen die Temperaturen.

Vor einem Fenster stehen zwei Leuchter, einer aus weißem, der andere aus schwarzem Glas. Nach einem sonnigen Tag hat sich die Kerze auf dem weißen Leuchter nicht verändert, die Kerze auf dem schwarzen Leuchter aber hat sich abwärts gebogen – eigenartigerweise in Richtung auf die Sonne.

Es hängt ganz von der Helligkeit und Farbe eines Gegenstandes ab, wie sehr er sich im Sonnenlicht erwärmt. Der weiße Leuchter wirft fast alle Strahlen zurück (Reflexion) und erwärmt sich nur wenig; der schwarze nimmt die meisten Strahlen auf (Absorption) und erwärmt sich entsprechend stark. Glas ist ein schlechter Wärmeleiter; daher erreicht zuerst die der Sonne zugewandte Seite des Leuchters die Temperatur, bei der Stearin weich wird. Die Kerze verliert dort ihre Festigkeit und biegt sich herab.

64 Spannung im Glas

Ein Glas, in das man kochendes Wasser gießt, kann leicht springen. Das läßt sich vermeiden, wenn man vorher einen Silberlöffel hineinstellt.

Erklärung: Glas ist ein schlechter Wärmeleiter. Bei einem dickwandigen Glas dauert es eine Weile, bis die Wärme von der Innenseite her, von Molekül zu Molekül, zur Außenseite gelangt. Durch die ungleichmäßige Erwärmung dehnen sich die Glasschichten verschieden stark aus, es entstehen Spannungen, die zum Platzen führen können. Silber leitet Wärme 350mal besser als Glas. Der Löffel nimmt deshalb die erste Wärme mit einem Mal auf und leitet sie in seinen Stiel. Die Spannungen im Glas werden vermindert, weil nun Erwärmung und Ausdehnung der Glasschichten gleichmäßiger erfolgen.

Schlechte Wärmeleiter 65

Beim Kaufmann läßt man sich eine Packung Eiskrem dick in Zeitungspapier wickeln. Zu Hause wickelt man ein Brikett genauso ein, bevor
man es zur Nacht in den Ofen legt. Welchem Zweck dient hier das
Papier?
Im ersten Fall soll Wärme nicht in die Packung gelangen, im zweiten
Fall nicht aus der Packung. Die Wärme überträgt sich als Bewegungs-
energie zwischen Atomen und Molekülen: je näher sie einander sind,
desto schneller. Durch die Papier- und Luftschichten wird die Wärme
nur sehr langsam hindurchgeleitet, so daß das Eis erst nach Stunden
schmilzt und das Brikett die ganze Nacht über glimmt.
Luft ist ein besonders guter Wärmeisolator, wenn sie durch schlecht
leitende Stoffe in viele kleine Kammern unterteilt ist. Das beste Beispiel
dafür ist der Schaumkunststoff Styropor.

66 Kräfte im Stahl

Auf einer Fahrt mit einer Kleinbahn hört man das monotone Rattern der Räder über den Schienenstößen. Im Winter ist das Geräusch lauter als im Sommer. Warum?

Der Stahl dehnt sich, wie jedes andere Metall, infolge der Molekularbewegung bei Wärme aus und zieht sich bei Kälte wieder zusammen. Die Lücken zwischen den Schienen sind daher im Winter breiter als im Sommer. Bei einem Temperaturunterschied von 50 Grad Celsius verändert sich eine 10 m lange Schiene um etwa 6 mm.

Wie aber regelt sich die Ausdehnung bei endlos verschweißten Schienen der modernen Strecken? Die Schienen sind dicker und werden bei einer mittleren Temperatur verschweißt. Ihr enormes Gewicht, stärkere Schwellen und ein breiteres Schotterbett bewirken, daß sie sich statt in die Länge zu dehnen in die Breite drücken.

Um die Schule zu schwänzen, will ein Junge Fieber vortäuschen. Gelingt es ihm, durch Anhauchen des Fieberthermometers die Quecksilbersäule nach oben zu treiben?

Die normale Temperatur im Körperinnern eines Menschen (rektal gemessen) schwankt tageszeitlich zwischen 36,2 und 37,4 Grad Celsius. Der Atem kann nicht wärmer sein. Man empfindet ihn nur deshalb als wärmer, weil die Temperatur der Körperoberfläche niedriger ist.

Die Quecksilbersäule im Fieberthermometer, die durch die Ausdehnung des Metalls bei Erwärmung steigt, bleibt nach der Messung stehen. Das liegt an einer Verengung im unteren Teil der Röhre. Vor jeder neuen Messung muß deshalb das Quecksilber nach unten zurückgeschlagen werden.

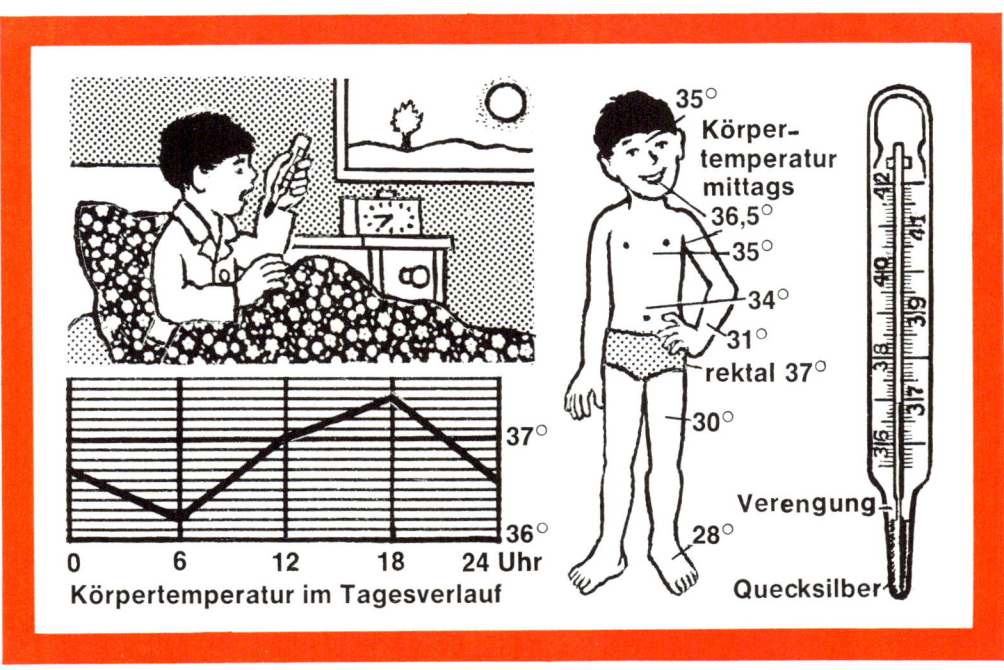

Körpertemperatur mittags

35° · 36,5° · 35° · 34° · 31° · rektal 37° · 30° · 28°

Verengung · Quecksilber

37° · 36°

0   6   12   18   24 Uhr

Körpertemperatur im Tagesverlauf

68 Wassertemperaturen bei Wind

Die Wassertemperatur am Strand kann sich von einem auf den anderen Tag spürbar ändern. Sie hängt nicht nur von der Tageswärme, sondern auch von der Windrichtung ab. Ist das Wasser wohl wärmer, wenn der Wind von der Wasserseite oder wenn er von der Landseite weht? Wasser hat mit 4°Celsius seine größte Dichte. Je stärker es sich erwärmt, desto mehr dehnt es sich aus und desto leichter wird es. Folglich bleibt die in Ufernähe von der Sonne erwärmte Wasserschicht an der Oberfläche. Kommt nun der Wind vom Wasser her, staut sich die warme Schicht am flach auslaufenden Ufer. Weht der Wind dagegen vom Land her, treibt er die warme Schicht fort, und kühles Wasser aus der Tiefe strömt zum Ufer nach.

Frost

Eis

1º

2º

3º

4º

Temperaturverteilung im Wasser 69

Ein Mädchen hat zu Beginn des Winters einen Goldfisch aus dem Teich geholt und hält ihn draußen in einer Wanne. Nach dem ersten Frost findet das Mädchen den Fisch fast leblos auf der Seite liegen und fragt sich nach dem Grund dafür.

Das Wasser mit einer Temperatur nur knapp über dem Gefrierpunkt ist für den Fisch zu kalt. Da es in der Wanne von allen Seiten dem Frost ausgesetzt ist, kann es nicht die für den Fisch optimale Überwinterungstemperatur von 4 Grad Celsius halten wie in einem tiefen Teich oder See. Dort schweben im Winter die kältesten Wasserschichten unmittelbar unter dem Eis, weil sie größere Ausdehnung haben als die 4 Grad warme Wasserschicht am Grund. Diese hat die größte Dichte und Schwere und bleibt daher an den tiefsten Stellen, wo die Fische Winterruhe halten.

70 Sprengkraft des Eises

Nach jedem harten Winter kommen auf den Straßen Frostaufbrüche zum Vorschein, Beulen, über denen die Asphaltdecke zerbröckelt. Wann sind die Frostaufbrüche stärker, bei lang anhaltendem, starken Frost oder bei mehrmals abwechselnden Frost- und Tauperioden?
Durch feine Haarrisse im Asphalt gelangt Wasser unter die Straßendecke und sammelt sich dort in Hohlräumen. Beim Gefrieren vergrößert es seinen Rauminhalt um 1/11, und das Eis drückt die Asphaltdecke hoch. Bei Tauwetter entsteht in den vergrößerten Hohlräumen 1/11 mehr Raum für neues Wasser, das sich bei abermaligem Gefrieren wieder um 1/11 ausdehnt. Auf diese Weise vergrößern sich bei jedem winterlichen Wetterwechsel die Beulen.

Am schneebedeckten Dach eines Viehstalls bilden sich im Winter Eiszapfen. In einer Frostperiode sind es lange, dünne Zapfen, in einer anderen Frostperiode kurze, dicke Zapfen. Wann ist der Frost stärker? Die von den Stalltieren abgegebene, gleichbleibende Körperwärme läßt auf dem Dach die unterste Schneeschicht tauen. Das Schneewasser ist durch die darüberliegenden Schichten mit der eingeschlossenen Luft gegen den Frost isoliert und rieselt mit einer Temperatur von knapp über 0 Grad auf den Dachpfannen herab. Tritt es am Ende der Dachschräge an die Außenluft, gibt es je nach Froststärke langsamer oder schneller seine geringe Wärme ab und gefriert. Die Tropfen, die Schicht auf Schicht die Eiszapfen bilden, nehmen bei mildem Frost einen längeren Weg bis ihre Spur erstarrt (A), bei starkem Frost einen kürzeren Weg (B).

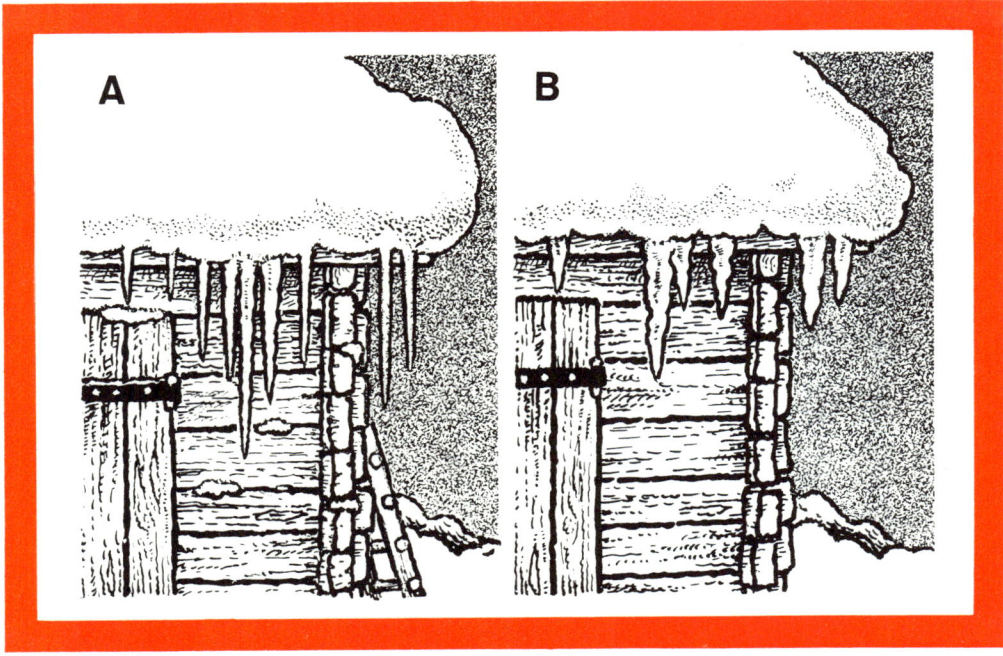

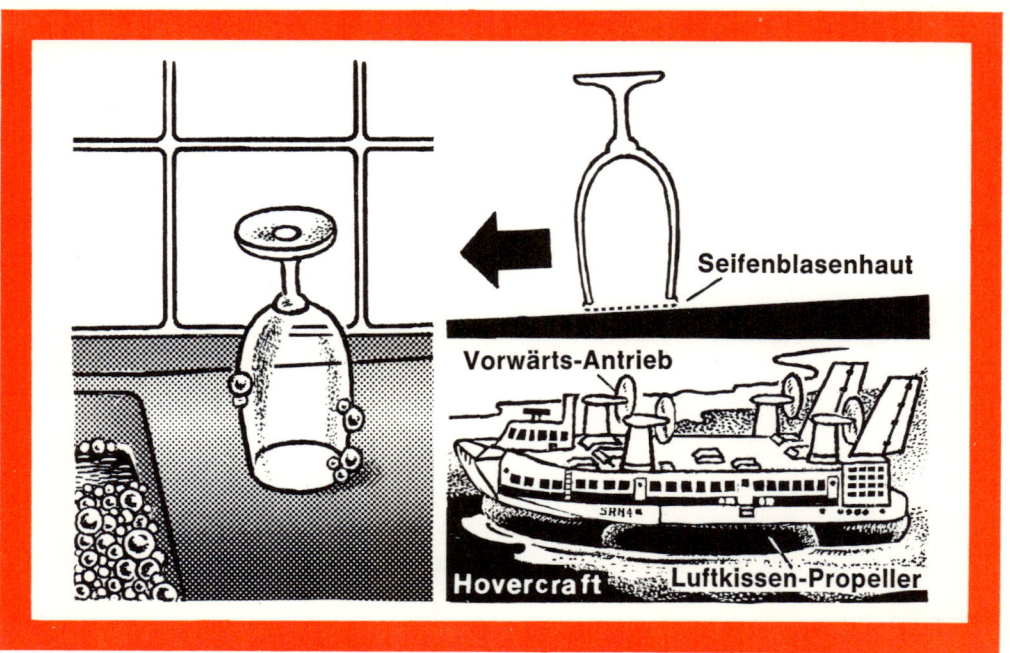

Seifenblasenhaut

Vorwärts-Antrieb

Hovercraft   Luftkissen-Propeller

72 Fahrt auf Luft

Nach dem Spülen im heißen Wasser setzt sich ein Glas, das auf eine glatte, leicht schräge Abtropffläche gestellt ist, in Bewegung und gleitet abwärts. Wie erklärt sich das?

Die in dem erhitzten Glas eingeschlossene Luft erwärmt sich und will sich ausdehnen. Da sie aber wegen einer feinen Seifenblasenhaut (vom Spülmittel) nicht unter dem Rand entweichen kann, erhöht sich der Luftdruck im Glas. Er hebt das Glas an und läßt es praktisch ohne Reibung hinabgleiten.

Auf einem Luftpolster fahren auch die Luftkissen-Fahrzeuge, wie z. B. die Hovercraft-Fähre über den Ärmelkanal. Hier erzeugen große, nach unten gerichtete Propeller den Luftdruck, der die Fähre über Land und Wasser hebt. Den Vorwärts-Antrieb bewirken auf dem Dach montierte Propeller.

Gasdruck durch Wärme 73

Wer eine Sektflasche beim Entkorken an ihrem Bauch festhält, darf sich nicht wundern, wenn ein Teil des Inhalts in die Luft schießt.

Die Wärme der Hand überträgt sich während des langwierigen Entkorkens auf den gekühlten Sekt. Im Sekt ist Kohlensäure (H_2CO_3) gelöst, die in Wasser (H_2O) und Kohlendioxid (CO_2) zerfällt. Kohlendioxid ist das Gas, das in Form von Bläschen aus dem Sekt sprudelt. Durch Wärme wird der Zerfall der Kohlensäure beschleunigt und damit der Druck in der Flasche verstärkt.

Um die Wärmeübertragung zu vermeiden, legt man eine Stoffserviette um die Flasche oder hält sie am Hals fest. Da die Aluminiumfolie um den Flaschenhals ein sehr guter Wärmeleiter ist, nimmt sie die Handwärme zuerst auf.

74 Druck der Atmosphäre

Wenn man eine große Plastikflasche mit heißem Wasser ausspült, danach sofort luftdicht zuschraubt und in den Kühlschrank legt, biegt sie sich flach zusammen. Wie kommt das?

Durch das Erhitzen dehnt sich die Luft in der Flasche um etwa ein Drittel aus, so daß ein Teil ausströmt. Beim Abkühlen zieht sich die Luft wieder zusammen, es entsteht ein Unterdruck in der Flasche und der Druck der Außenluft preßt sie so weit zusammen, bis der Luftdruck in der Flasche dem Druck der Außenluft gleicht.

Hier wird das gewaltige Gewicht der Lufthülle erkennbar, die die Erde umgibt. Es drückt mit 1 Atmosphäre, d. h. mit 1 Kilogramm auf jeden Quadratzentimeter der Flaschenoberfläche. Auf einer Literflasche lastet immerhin ein Gewicht von etwa 12 Zentnern.

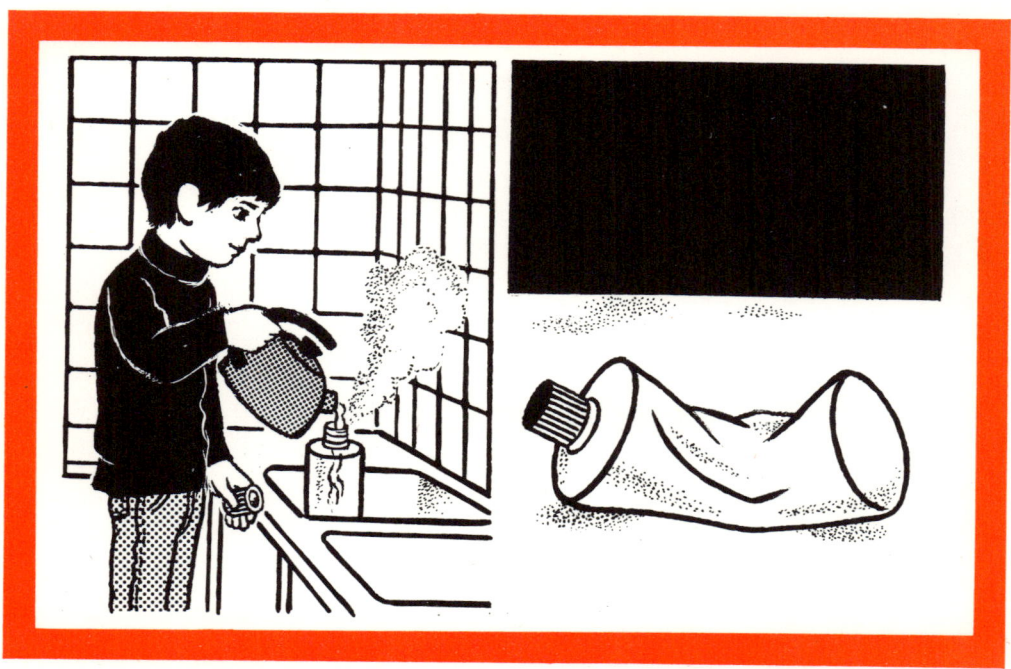

Wenn die Schwalben hoch am Himmel fliegen, wissen wir, daß sie dort Insekten jagen, die bei schönem Wetter emporsteigen. Wie aber erkennen die Insekten die Höhe ihres Flugbereichs?

Der Luftdruck ändert sich nicht nur mit dem Wetter, sondern auch mit der Flughöhe. Schwärmen die Insekten bei einem Hoch in 200 m Höhe, finden sie da den gleichen Luftdruck vor wie bei einem Tief in Bodennähe. Sie gleichen also die wetterbedingten Luftdruckschwankungen (auf der Barometerskala etwa zwischen den Werten 750 und 770 mm) durch entsprechende Flughöhe aus.

Den Luftdruck fühlen die Insekten in den Tracheen, den feinverzweigten Atemröhrchen in ihrem Körper. Ähnlich drückt die Luft auf die luftleere Metalldose im Barometer. Der Ausschlag der Membran wird über Hebel auf den Zeiger übertragen.

Wetter-
ballon

Fallschirm

Radio-
sonde

76 Auftrieb in der Luft

Bei einem Wettbewerb werden Luftballons gestartet. Der Ballon eines Jungen ist prall mit Gas gefüllt, der Ballon seiner Schwester nur schwach. Welcher Ballon fliegt voraussichtlich weiter?

Ein Ballon hat so viel Auftrieb, wie die von ihm verdrängte Luftmenge wiegt. Der größer aufgeblasene Ballon des Jungen steigt also schneller. Doch bei seinem hohen Innendruck weitet er sich im abnehmenden Luftdruck so stark aus, daß er platzt. Der Ballon des Mädchens steigt langsamer, jedoch höher. Er kann sich noch ausdehnen und bekommt so neuen Auftrieb, bis schließlich sein Gewicht dem der verdrängten Luftmenge gleicht. Er treibt ab und landet, wenn ein Teil des Gases durch Poren im Gummi entwichen ist.

Auch ein Wetterballon wird nur schwach mit Gas gefüllt. Auf dem Flug in Höhen bis zu 30 km wird er langsam rund.

Schreibpaste

Mine

Stahlkugel

Luft

Luftdruck und Flüssigkeit 77

Schreibt man eine Postkarte an einer senkrechten Wand, versagt der Kugelschreiber bald, er gibt keine Farbe mehr ab. Woran liegt das? Die Kugelschreibermine ist mit einer dickflüssigen Farbpaste gefüllt, die normalerweise auf eine kleine Stahlkugel in der Spitze fließt. Fährt man mit der Kugel über das Papier, rollt sie die Farbpaste ab. Damit diese gut nachfließen kann und infolge des Verbrauchs kein Vakuum in der Mine entsteht, ist für einen Luftdruckausgleich durch kleine Öffnungen gesorgt.

Versucht man nun mit der Spitze nach oben zu schreiben, läßt der Druck der Farbpaste auf die Kugel nach, und sobald sie blankgerieben ist, strömt über die Kugel Luft in die Mine: Die Farbpaste folgt der Schwerkraft und sackt rückwärts ab.

78 Regulierter Luftdruck

Im Tankdeckel (oder Tankstutzen) eines Motorrades befindet sich ein winziges Luftloch. Es ist sehr wichtig. Warum?
Aus dem Tank fließt der Kraftstoff in den Vergaser, wird dann als Kraftstoff-Luft-Gemisch in den Zylinder gesaugt, dort verdichtet und entzündet. Die sich ausdehnenden Verbrennungsgase bewegen den Kolben mit der Kurbelwelle, und die Bewegung wird durch das Getriebe und die Kette auf das Hinterrad übertragen. Würde nun das Loch im Deckel fehlen, könnte keine Luft in den Tank nachströmen. Der Luftdruck im Hohlraum des Tanks würde sich vermindern und der Druck der Außenluft das Abfließen des Kraftstoffes in den Vergaser verhindern. Zum Vergleich: Aus einer Milchdose, die nur ein Loch hat, fließt die Milch nicht heraus.

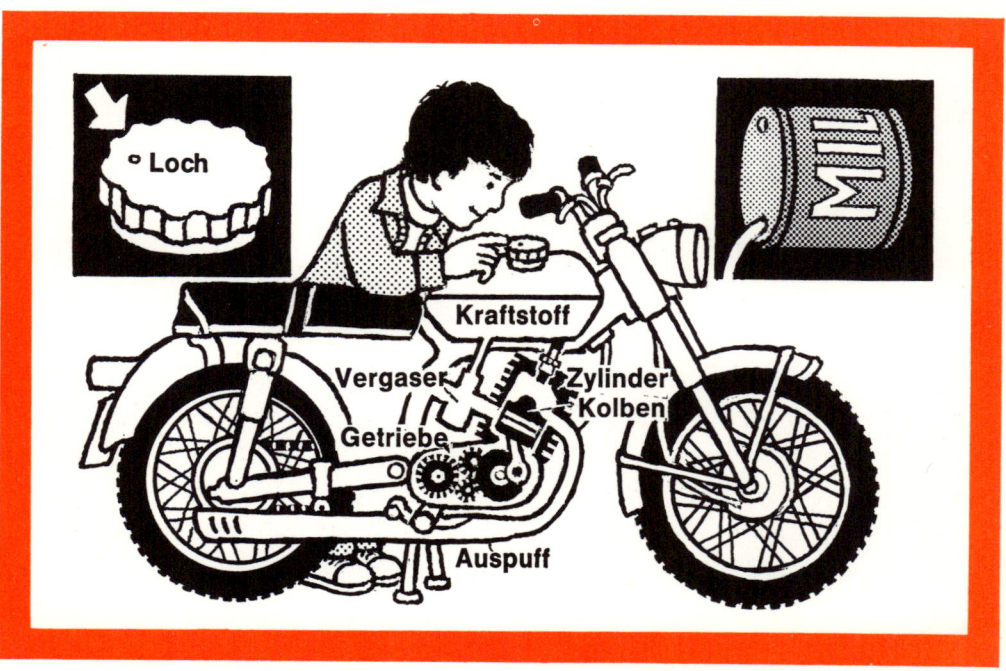

Ein Junge wundert sich über einige Fliegen, die während der Fahrt unter dem Verdeck eines Lastwagens ruhig umherkreisen, obgleich die Rückwand völlig offen ist. Er überlegt, ob die Insekten wohl in dem gleichen Tempo fliegen, wie das Auto fährt.

Trotz fehlender Rückwand bildet das Innere des Lastautos einen abgeschlossenen Raum, in dem die Luft ruht. Nicht einmal die Luftwirbel des außen vorbeiströmenden Fahrtwindes gelangen in den Laderaum. Die Fliegen kreisen in ihm wie in einem Zimmer. Käme jedoch der Fahrtwind durch ein Loch in der Vorderwand der Plane, könnten sich die Fliegen darunter nicht halten.

80 Preßluft im Tunnel

Wer in einem U-Bahnhof nahe am Tunnelausgang auf die Bahn wartet, merkt schon frühzeitig, lange bevor Lichter und Geräusche wahrnehmbar sind, daß der Zug kommt. Woran?

Bei der Fahrt durch den Tunnel staut sich ein Schwall von Luft vor der U-Bahn. Sobald sie von einer Station abfährt, spürt man auf der nächsten Station einen leichten Luftzug am angefeuchteten Finger. (Der Luftzug beschleunigt die Verdunstung der Feuchtigkeit am Finger, wobei Verdunstungskälte entsteht.) Beim Herannahen der Bahn bildet sich langsam ein kräftiger Luftstrom. Die flache Vorderfront des Zuges, die die Luft durch die enge Tunnelröhre drückt, erinnert an den Kolben in einer Fahrradpumpe.

Kreisel im Wind 81

Am Strand haben Kinder ein neues Spiel entdeckt. Läßt man den Deckel eines Plastikeimers bei starkem Wind über den Sand rollen, wird er vom Wind erfaßt und mitunter kilometerweit angetrieben.

Der Deckel stellt einen Kreisel dar, der beim Rotieren seine Lage beizubehalten sucht. Verlangsamt er seine Fahrt, wird die Schwerkraft stärker wirksam, er kommt in Schräglage und rollt in einer Spirale weiter. Je schräger die Lage, desto enger wird der Bogen und desto mehr ist die Breitseite des Deckels dem Wind ausgesetzt. Desto stärker ist aber auch der Druck des Windes gegen die geneigte Seite: Er richtet den Deckel wieder auf und treibt ihn von neuem an, bis schließlich ein Hindernis die Fahrt beendet.

82 Drehung durch den Wind

An einem Turmdrehkran auf einer Baustelle läßt sich die Windrichtung weithin erkennen. Warum?

Wenn der Kran nicht in Betrieb ist, muß sein langer Ausleger aus Sicherheitsgründen parallel zur Windrichtung – das Gegengewicht gegen den Wind – ausgerichtet sein. Er darf nicht befestigt werden, damit er sich wie eine Wetterfahne stets in die Stellung drehen kann, in der er dem Wind den geringstmöglichen Widerstand bietet.

Im Gegensatz dazu muß sich eine Windmühle so drehen, daß der Wind frontal auf ihre vier großen Flügel trifft. Die Stellung korrigiert ein kleines Windrad an der Rückseite: Sobald der Wind die Richtung wechselt, bewegt er das Windrad und mit ihm ein Getriebe, das den oberen Teil der Mühle mit den Flügeln dem Wind entgegendreht.

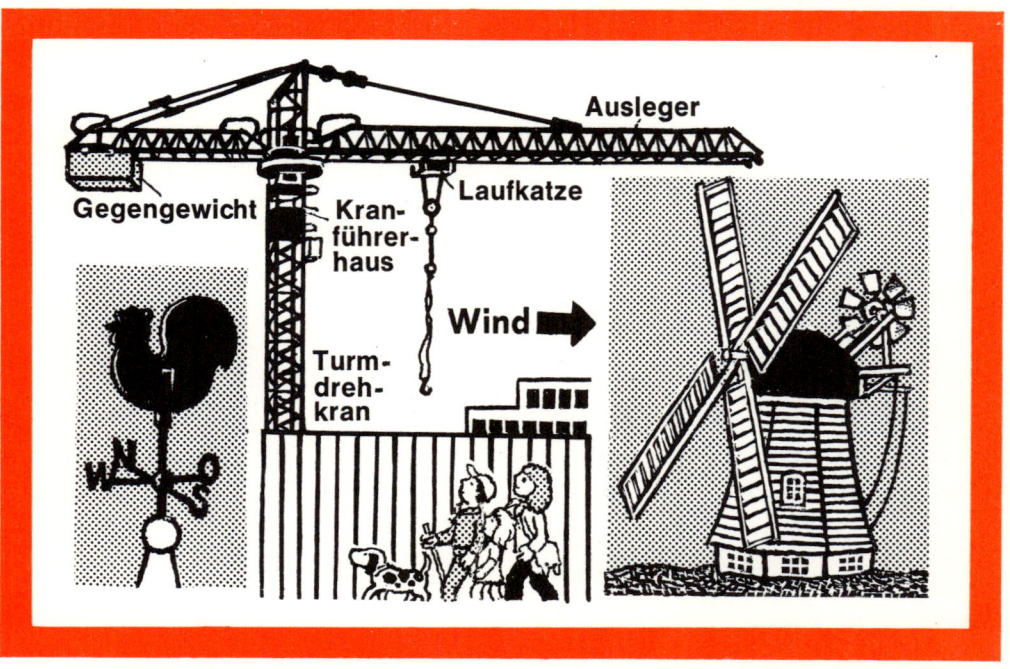

Eine Schulklasse beobachtet die Schiffe, die elbaufwärts zum Hamburger Hafen fahren. „Zum Glück haben wir Flut", meint die Lehrerin, „dann laufen besonders viele Schiffe ein." Woran erkennt man sofort, ob Ebbe oder Flut ist?

Die am Grunde des Stromes verankerten Fahrwassertonnen (schwarze Spitztonne an Steuerbord, rote Spierentonne an Backbord) zeigen durch ihre Stellung den Gezeitenstand an: Bei auflaufendem Wasser (Flut) neigen sie sich durch den Druck der Strömung stromauf. Bei ablaufendem Wasser (Ebbe) sind sie stromab geneigt, und bei Stauwasser (Wechsel zwischen Ebbe und Flut) stehen sie senkrecht.

Die Gezeiten, ein täglich zweimaliges Ansteigen und Absinken des Meeresspiegels, entstehen infolge Anziehung des Mondes und der Sonne.

Wasserkeil

Wasserkeil

84 Fahrt auf einem Wasserkeil

In der Rinne einer Rutschbahn im Schwimmbad läuft Wasser herab. Zu welchem Zweck?

Das Wasser macht das Rutschen leichter: Unter dem Gesäß eines hinabgleitenden Kindes stauen sich die Wasserteilchen zu einem Keil, der den Körper unmerklich anhebt und so den Reibungswiderstand auf der Bahn vermindert.

Der gleiche Vorgang macht regennasse Straßen zur Rutschbahn, indem er das gefährliche Aquaplaning verursacht: Unter den Reifen eines Autos, das mit überhöhter Geschwindigkeit fährt, bildet sich der gleiche Wasserkeil. Der Wagen wird leicht angehoben, gleitet ohne Steuer- und Bremsmöglichkeit dahin und gerät dabei ins Schleudern.

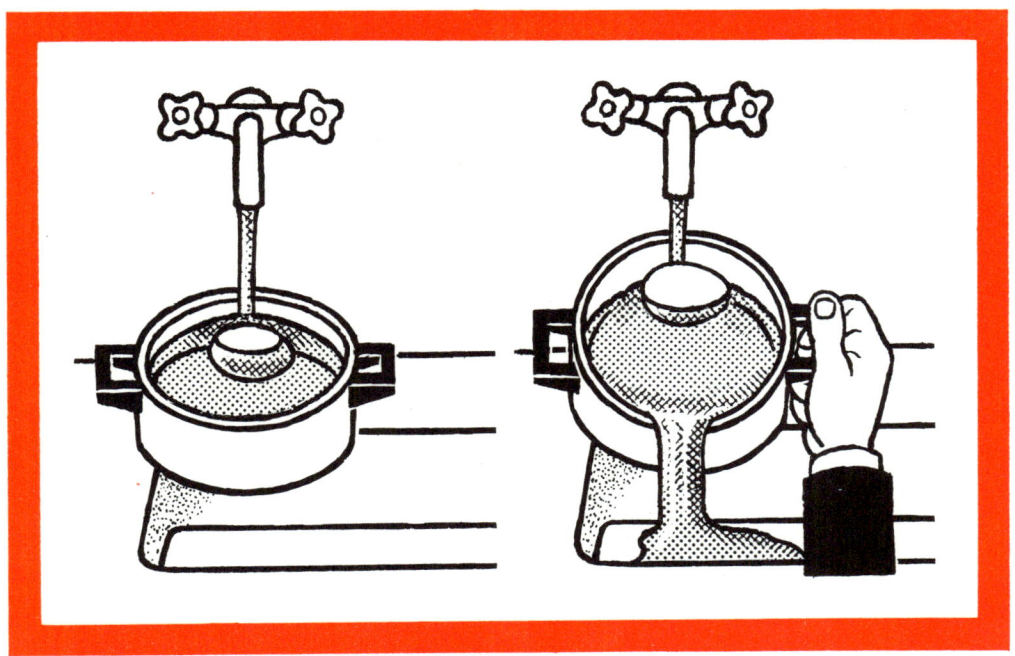

Druckunterschiede im Wasser 85

Läßt man beim Abschrecken eines gekochten Hühnereies das Leitungswasser zwischen Ei und Topfrand laufen und neigt dabei den Topf nach vorn, macht man eine interessante Entdeckung: Das Ei rollt nicht am Topfboden herab, sondern bleibt am Wasserstrahl. Wie erklärt sich das? Nach dem Gesetz des Schweizer Wissenschaftlers Daniel Bernoulli wird der Druck in einer Flüssigkeit (oder einem Gas) geringer, je größer seine Geschwindigkeit ist. Im Wasserstrom zwischen Ei und Topfrand herrscht ein Unterdruck, und das Ei wird vom umgebenden Wasser mit normalem Druck gegen die Topfwand gepreßt.

86 Spuren der Strömung

An einem flachen Flußufer, das den Gezeiten ausgesetzt ist, liegen die Steine in Mulden und Wasserlachen, der Sand um die Steine ist fortgespült. Wie kommt das, man könnte doch eher annehmen, daß sich in ihrem Schutz Sand ablagert?
Jeder Stein lenkt die Strömung des auflaufenden und ablaufenden Wassers (hier durch Stromlinien dargestellt) von ihrem parallelen Verlauf ab. Im Bogen ist der Weg des strömenden Wassers länger und deshalb die Strömungsgeschwindigkeit größer. Gemäß dem Gesetz von Bernoulli ist hier der Druck im Wasser geringer: Es entsteht ein Sog, durch den die Sandkörnchen fortbewegt und die Steine freigespült werden. Andere Steine werden unterspült und versinken langsam im Boden – das ist ein Grund, warum Uferbefestigungen aus Steinen von unten her verfallen.

Stromlinien-

An den Rippelmarken im Dünensand erkennt man, aus welcher Richtung der Wind zuletzt geweht hat. Ihre scharfen Kanten sind die windabgewandten Seiten. Wie entsteht das eigenartige Wellenmuster?

In der Luft, die über den unebenen Sand streicht, kommt es zu Druckschwankungen, hier verdeutlicht durch eine Seifenblase: Wenn die Luft über eine Bodenerhebung strömt, vergrößert sich ihre Geschwindigkeit und ihr Druck vermindert sich; sie zieht sich ein wenig zusammen und saugt dabei Sandkörnchen unmittelbar hinter der Bodenerhebung an. Diese werden mitgewirbelt und lagern sich etwas weiter ab, wo der Luftstrom langsamer und sein Druck größer ist. Dort bildet sich eine neue Erhebung. Die Druckschwankungen erfolgen in raschem Wechsel, die Luft schwingt, und mit ihr bauen sich die Rippelmarken ständig auf und ab.

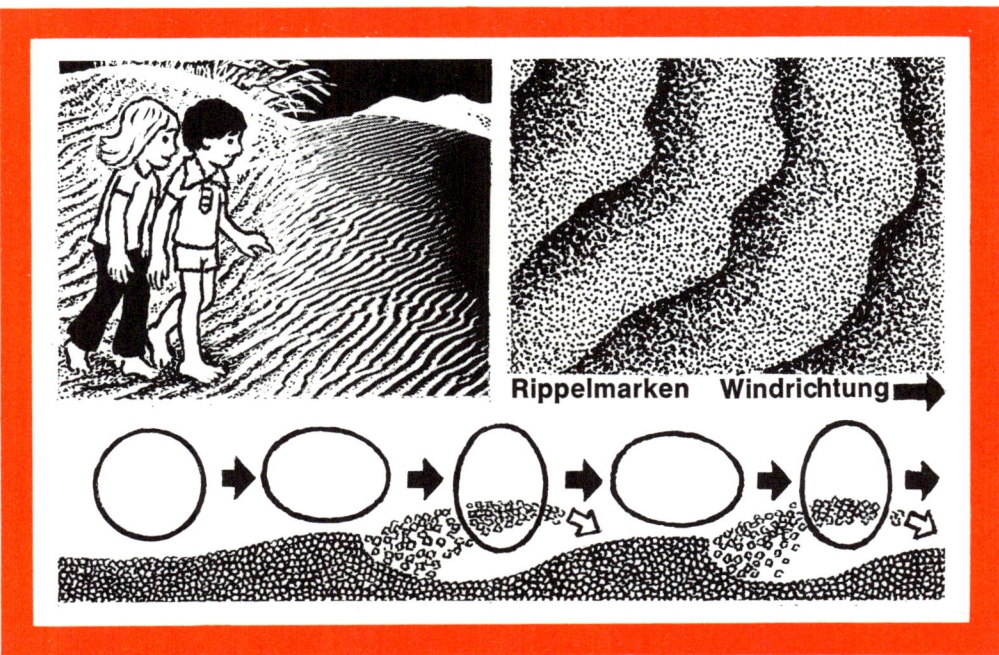

Rippelmarken   Windrichtung

Längsschnitt durch die Seitenlinie
Schuppen   Poren

Sinnes-
zellen   Nerv

88 Druckwellen im Wasser

Ein Angler soll nicht nur still sein, sondern auch still sitzen, vor allem im Boot. Warum?

Fische können nicht nur mit ihrem Hörorgan im Kopf hören, sie nehmen auch Druckveränderungen wahr, beispielsweise eine Fußbewegung, die über die Bootsplanken durch das Wasser auf ihr Seitenlinien-Organ übertragen wird. Das ist eine von den Kiemen bis zum Schwanz führende Reihe von Poren in den Schuppen mit darunterliegenden Sinneszellen, die feinste Druckunterschiede registrieren. Mit diesem Sinnesorgan können sich die Fische orientieren, auch in trübem Wasser und bei Dunkelheit. Sie unterscheiden, ob die Druckwellen von Artgenossen oder Feinden herrühren oder von einem Stein oder Halm zurückgeworfen werden, an dem sie gerade vorbeischwimmen.

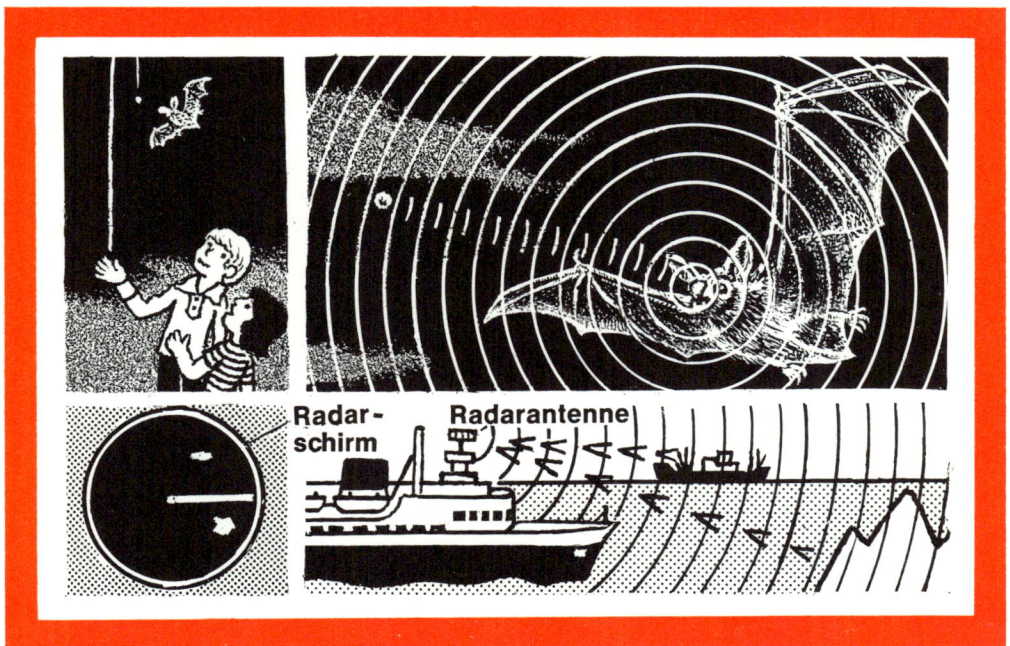

Ortung durch Echopeilung 89

Wenn abends Fledermäuse in der Luft kreisen und man in ihrer Nähe erbsengroße Steinchen emporwirft, verfolgen die Fledermäuse die Steinchen, die sie für Insekten halten, bis in Bodennähe. Wie orten sie die Objekte in der Dunkelheit?

Während des Fluges stößt die Fledermaus aus ihrer Nase Laute aus, die der Mensch wegen der hohen Anzahl der Schwingungen nicht hören kann. Treffen diese Ultraschallaute auf Hindernisse, werden sie von diesen reflektiert. Die Fledermaus kann diese Echos hören und lenkt danach ihren Flug.

Auf diesem Prinzip beruhen die Radaranlagen zur Orientierung bei Nacht und Nebel: Ein Funkstrahl wird von der Radarantenne ausgesandt und von Hindernissen zurückgeworfen. Das empfangene Echo wird auf dem Radarschirm in ein Bild umgewandelt.

90 Ungleiche Töne

Ein Reisender in der Eisenbahn hört das Pfeifen eines entgegenkommenden Zuges vor dem Vorbeifahren wesentlich höher als danach. Wie entstehen die unterschiedlichen Tonhöhen?

Die Schallwellen, die von der Signalpfeife der entgegenkommenden Lokomotive kommen, breiten sich gleichmäßig schnell aus. Doch durch das Fahrtempo beider Züge wird die Wellenlänge, der Abstand der Schallwellen, nach vorn verkleinert. Damit steigt die Frequenz: Es gelangen mehr Schallwellen pro Sekunde ans Ohr des Reisenden; der Ton ist höher. Umgekehrt sind nach dem Vorbeifahren die Abstände der Schallwellen entsprechend größer, der Ton ist tiefer (1). Das Pfeifen der eigenen Lok hört man als gleichmäßig mittelhohen Ton, weil sich die Abstände der Schallwellen nicht ändern (2).

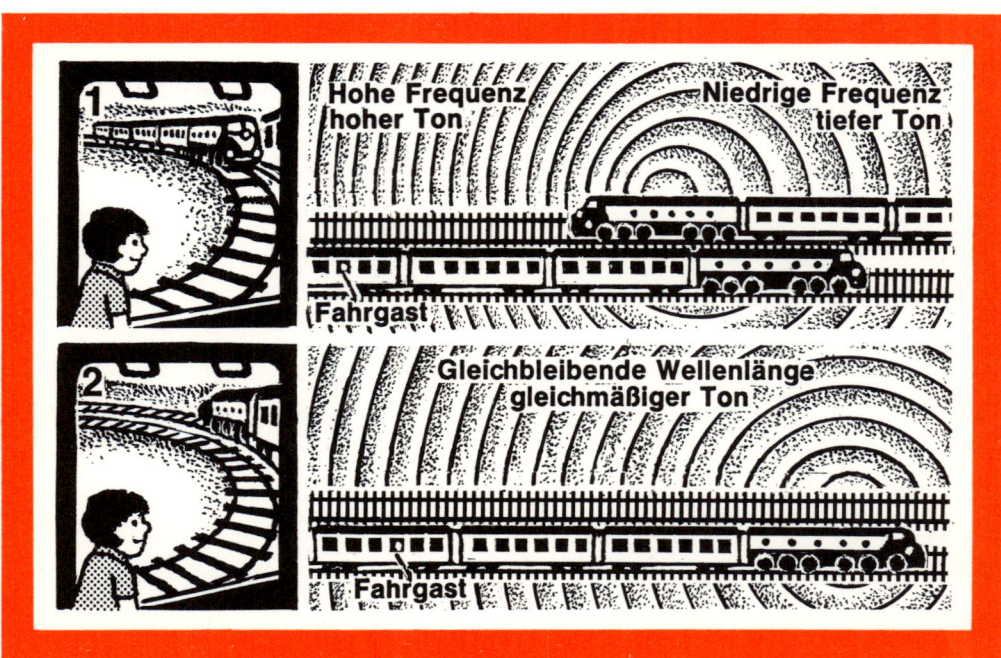

Vor der Giebelwand eines Hauses spielen Kinder Tischtennis. Durch das „Klack-Klack" des Balles auf der Tischtennisplatte fühlt sich ein Nachbar gestört, dessen Terrasse genau gegenüber dem Giebel liegt. Wie läßt sich die Geräuschbelästigung verringern?

Wegen der ungünstigen Aufstellung der Tischtennisplatte hört der Nachbar das Geräusch doppelt laut: Er nimmt nicht nur die von der Platte ausgehenden Schallwellen wahr, sondern auch die vom Giebel reflektierten. Der Schall wird nämlich von einer Wand im gleichen Winkel zurückgeworfen, wie ein Ball von ihr abprallt. Man braucht die Tischtennisplatte also nur ein Stück seitwärts zu rücken, so daß die von ihr kommenden Schallwellen schräg auf die Wand treffen und ebenso schräg zur anderen Seite hin reflektiert werden.

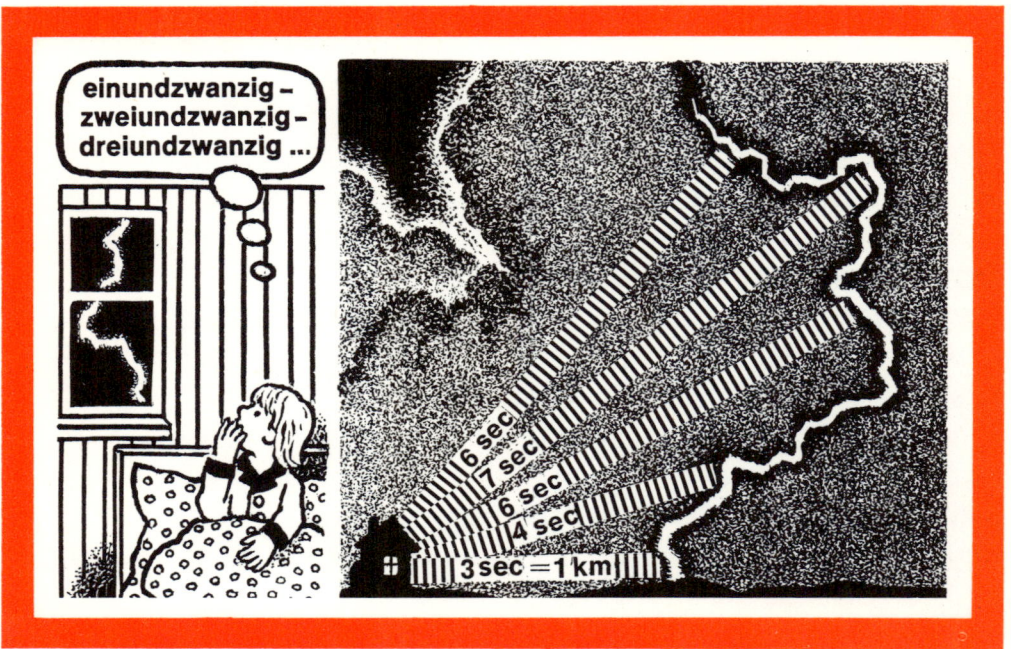

92 Blitzschlag und Donnergrollen

Da sich der Schall in 3 Sekunden etwa einen Kilometer weit durch die Luft fortpflanzt, errechnet man die Kilometer-Entfernung eines Blitzeinschlages, indem man die Sekundenzahl zwischen Blitz und Donner durch 3 teilt. Warum aber dauert hinterher das Donnergrollen noch so lange an?

Der Knall der Luft, die vom Blitz auseinandergerissen wird und danach zusammenprallt, entsteht auf der ganzen, oft mehrere Kilometer betragenden Länge des Blitzes. Von seinen verschieden weit entfernten Punkten brauchen die Schallwellen unterschiedlich lange, bis sie unser Ohr erreichen. Man hört also den Knall, der sich mit zunehmender Entfernung verzögert und abschwächt, und schließlich einen Nachhall, der durch Reflexion der Schallwellen im Gelände entsteht.

Druckausgleich im Ohr 93

In der Chemiestunde soll es einen tüchtigen Knall geben. Der Lehrer rät den Schülern, den Mund offenzuhalten. Warum?

Der Schall versetzt das Trommelfell im Ohr in Schwingungen, die über die Gehörknöchelchen auf die mit Gehörwasser gefüllte Schnecke übertragen werden. In dieser befinden sich die Enden des Hörnervs, der die Reize zum Gehirn leitet. Beim Knall könnte das Trommelfell durch zu großen Druck der Schallwellen verletzt werden. Durch den geöffneten Mund und die Ohrtrompete, eine Verbindungsröhre vom Rachen zur Innenseite des Trommelfells, kommt es zum Druckausgleich.

Hund und Katze haben doppelt empfindliche Hörorgane, deshalb ist es Tierquälerei, sie lauten Geräuschen auszusetzen.

94 Schatten im Spiel

In einer Sportübertragung im Fernsehen erkennt man auf den ersten Blick, ob ein Fußballspiel bei Tageslicht oder Flutlicht ausgetragen wird. Woran?

Bei Flutlicht wirft jeder Spieler vier Schatten, weil das Spielfeld von vier Flutlichtmasten angestrahlt wird. Da diese hinter der Torlinie am Stadionrand stehen, bilden die Schatten im Mittelfeld diagonale Kreuze (A). Wenn sich die Spieler einem Tor nähern und sich aus dem Licht der beiden Masten am anderen Stadionende entfernen, nehmen die Kreuze die Form von stumpfwinkligen, auf das Tor weisenden Pfeilen an (B). Die vier Flutlichtbatterien des Münchener Olympiastadions, jede über hundert Quadratmeter groß, benötigen so viel Strom wie eine Kleinstadt am Abend, um dem Spielfeld die Helligkeit eines Fernsehstudios zu geben.

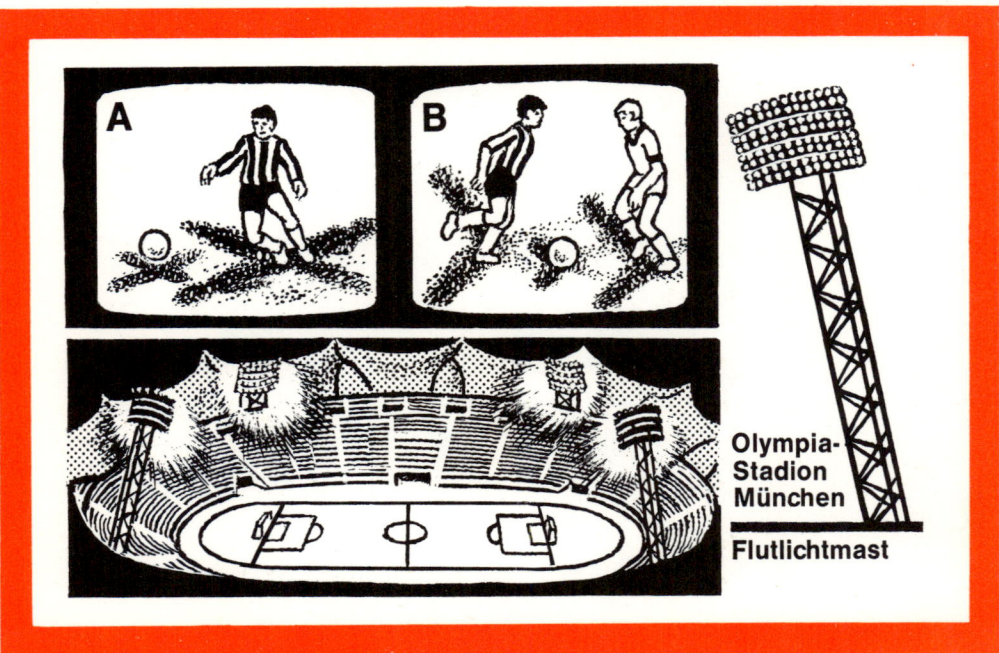

Olympia-Stadion München

Flutlichtmast

Wenn die Sonne hoch am Himmel steht, zeigen sich auf der Erde im Schatten großer Bäume kreisrunde Lichtflecken. Wie kommt es, daß sie nicht unregelmäßig geformt sind, entsprechend den Lücken zwischen den Blättern?

Die Sonnenstrahlen, die durch die lichten Stellen im Laub auf den Erdboden fallen, projizieren dort kleine Bilder der Sonne. Je enger eine Lücke, desto schärfer ist das Bild. Jede Lücke wirkt wie die Blende eines Fotoapparates: Sie hält störende Randstrahlen ab und läßt nur schlanke Lichtbündel durch, die ein scharfes Bild zeichnen.

Bei einer Sonnenfinsternis, wenn der Mond die Sonne teilweise verdeckt, verändern auch die Sonnenbildchen im Baumschatten ihre Form: Man sieht sie dann deutlich als kleine Sicheln.

Blende

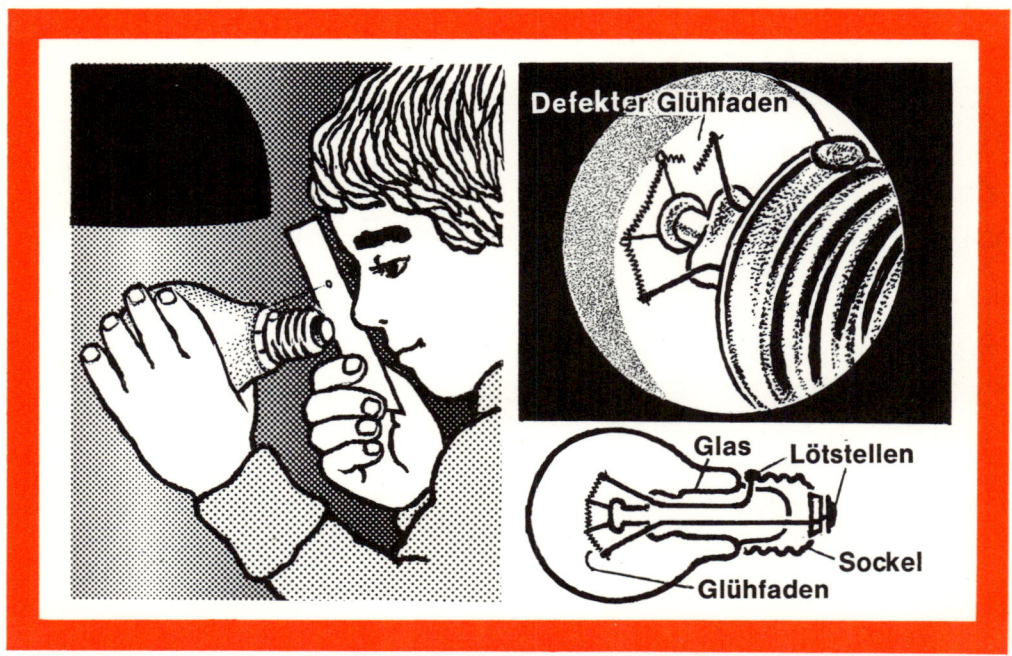

Defekter Glühfaden

Glas   Lötstellen

Sockel

Glühfaden

96 Bildschärfe durch Blende

In einer Glühbirne aus klarem Glas läßt sich auf den ersten Blick erkennen, ob der Glühfaden, der beim Durchfluß des elektrischen Stromes leuchtet, noch intakt oder bereits durchgebrannt ist. Mit einem einfachen optischen Hilfsmittel kann man das auch in einer Glühbirne aus mattem Glas erkennen: Man sticht mit einer Nadel in eine Karte ein kleines Loch, blickt durch dieses über den Rand des Sockels in die Birne und sieht ein klares Bild. Warum?

Versucht man, mit bloßem Auge ganz aus der Nähe von hinten in die Glühbirne zu sehen, formt sich von den aus allen Richtungen kommenden Lichtstrahlen nur ein verschwommenes Bild auf der Netzhaut. Durch das Loch in der Karte gelangen die störenden Randstrahlen nicht hindurch, sondern nur schlanke Strahlenbündel, die ein scharfes Bild ergeben.

Undurchsichtige Fenster 97

Bei einer Rast auf einem Waldweg wundern sich die Kinder in einem Auto über ein Kaninchen, das aus der Schonung hoppelt und unmittelbar neben dem Auto äst. „Das Tier kann uns im Wagen nicht sehen", meint der Vater. Hat er recht?

Wenn das Kaninchen so nahe am Auto sitzt, sieht es von unten auf den schräggestellten Autoscheiben nur die Spiegelung des Himmels und der Bäume, nicht aber das Wageninnere und die Personen. Da es im Auto dunkler als draußen ist, wird das Bild der Personen von dem hellen Bild überstrahlt, das sich auf den Scheiben spiegelt. Die Lichtstrahlen treffen in einem derart großen Einfallswinkel auf der Glasoberfläche auf, daß sie (in einem ebenso großen Reflexionswinkel) fast vollständig zum Auge des Tieres reflektiert werden.

98 Verwackelte Bilder

Ein Junge macht mit einer Spiegelreflexkamera Nahaufnahmen von einem Igel. Nach dem Entwickeln ist seine Enttäuschung groß, sämtliche Fotos sind verwackelt. Wie läßt ich das erklären?

In der Kamera reflektiert ein schräg gestellter Spiegel das eingestellte, durch das Objektiv einfallende Bild nach oben in den Sucher. Beim Auslösen klappt zuerst der Spiegel hoch, und kurz danach wird der Film belichtet. Das klickende Geräusch des hochklappenden Spiegels bewirkt eine zuckende Reflexbewegung des Igels gerade in dem Bruchteil einer Sekunde, in dem der Film belichtet wird. Das dabei auf den Film projizierte Bild prägt sich in seiner ganzen Bewegung auf der lichtempfindlichen Schicht ein und wirkt dadurch verwischt.

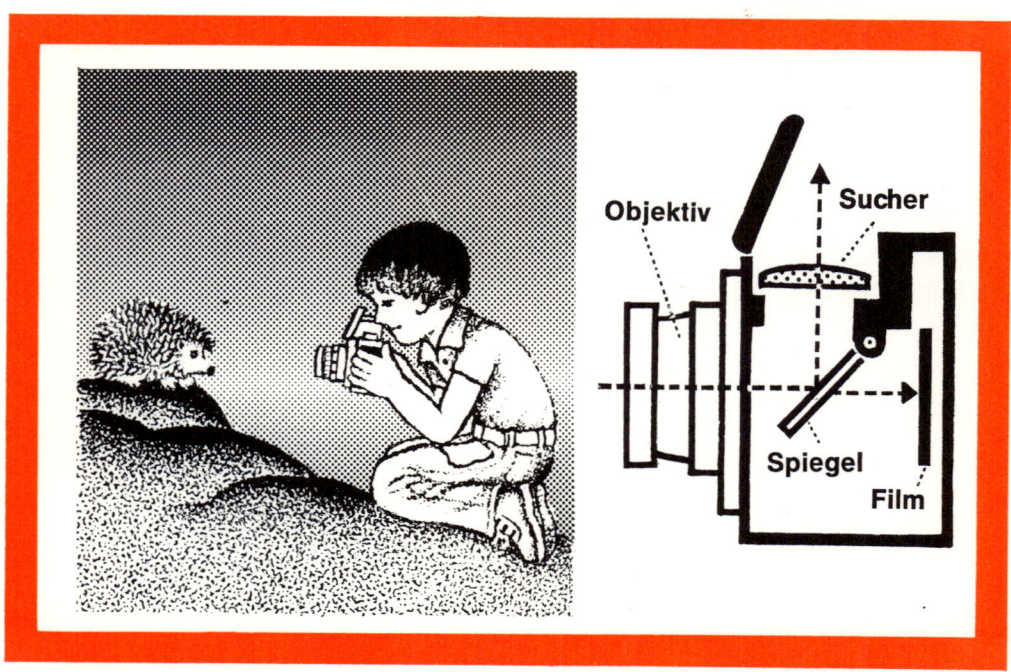

Ein Mädchen steht vor dem Spiegel, um sein Spiegelbild zu fotografieren. Auf welche Entfernung muß es die Kamera einstellen?

Die Lichtstrahlen, die vom Körper des Mädchens ausgehen, werden vom Spiegel reflektiert und gelangen dann in die Kamera. Sie legen also den doppelten Weg zurück, und das Bild des Mädchens erscheint genauso weit hinter dem Spiegel, wie es vor ihm entfernt steht. Die Kamera muß also auf doppelte Entfernung zum Spiegel eingestellt werden.

Beweis: Wenn eine brennende Kerze vor dem Fenster steht, sieht man ihr Spiegelbild hinter der Scheibe. Stellt man draußen eine nicht brennende Kerze so auf, daß sie sich genau mit dem Spiegelbild deckt, scheinen beide Kerzen zu brennen. Der Abstand beider Kerzen von der Scheibe ist gleich.

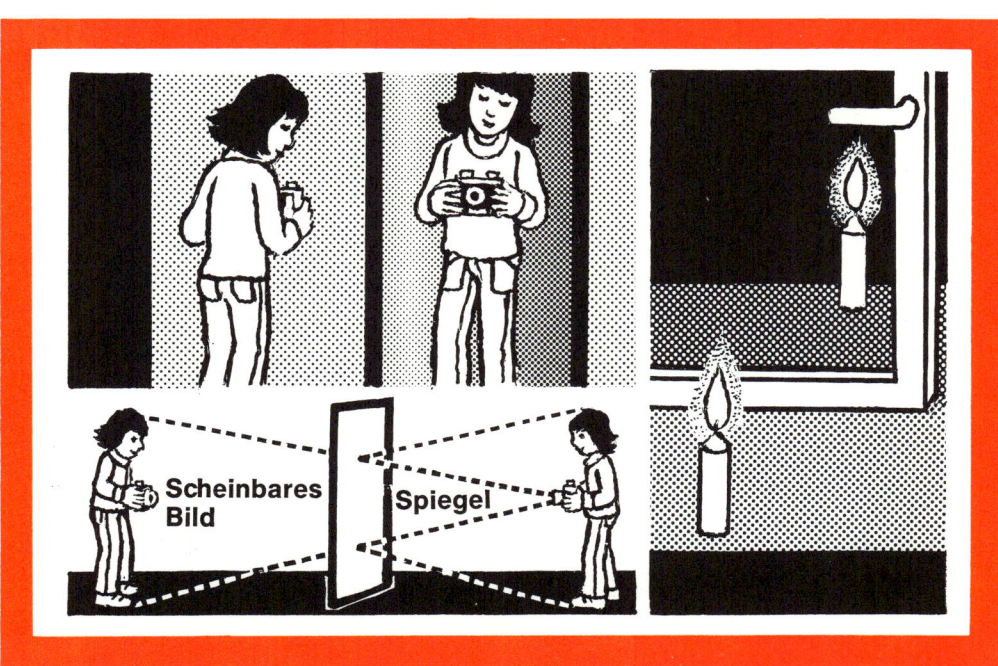

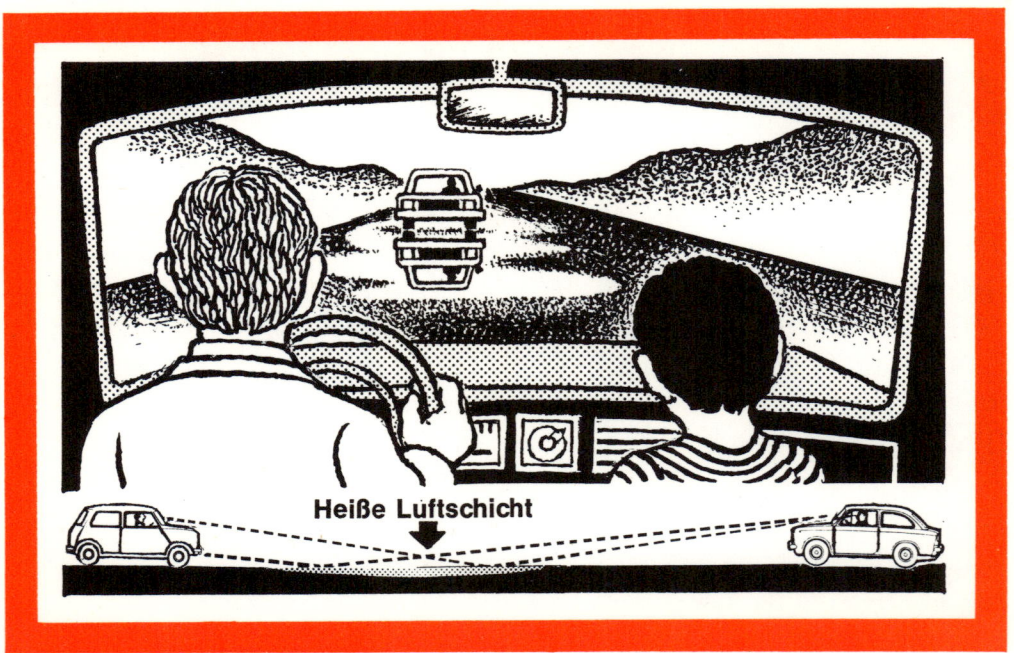

Heiße Luftschicht

100 Spiegelung auf der Straße

Auf Asphaltstraßen beobachtet man an heißen Tagen Spiegelungen, die Wasserflächen täuschend ähnlich sehen. Wie entstehen sie?
Der dunkle Asphalt nimmt die Sonnenstrahlen auf und erwärmt sich stark. Unmittelbar über ihm liegt eine dünne Schicht heißer, verdünnter Luft, die eine geringere optische Dichte hat als die kühlere Luft darüber. Treffen Lichtstrahlen schräg von einem optisch dichteren auf einen dünneren Stoff, werden sie total reflektiert, und es entsteht die Naturerscheinung, die in Wüstenländern als Fata Morgana bekannt ist. Bei windigem Wetter sieht man die Spiegelungen weniger, weil die heiße Luftschicht von der Fahrbahn fortgeweht wird.

Lichtstreifen im Auge 101

Betrachtet man am Abend mit fast zugekniffenen Augen die Lichter auf der Straße, verschwimmen sie zu senkrechten, hellen Streifen. Hält man den Kopf schief, stehen die Lichtstreifen schräg, ein Zeichen, daß sie im oder am Auge entstehen.

Es handelt sich hier um eine Reflexion des Lampenlichts auf der Tränen-flüssigkeit am oberen und unteren Lidrand, eine Wasserspiegelung im Miniformat: Die Augen sehen die hellen Lampen normal. Zusätzlich reflektiert die Flüssigkeit, die bei halb geschlossenen Lidern unmittelbar vor der Pupillenöffnung steht, das Lampenlicht in Form von langen Streifen auf die Netzhaut.

102 Gebündelte Sonnenstrahlen

Im Freien fortgeworfene Spray- und Getränkedosen stellen für die Natur eine besondere Gefahr dar: Sie können Brände verursachen! Wie ist das möglich?

Viele Dosen haben – um dem Innendruck standzuhalten – einen nach innen gewölbten Boden. Da dieser oft blank ist, wirkt er wie ein Hohlspiegel, der Sonnenstrahlen reflektiert und bündelt. Im Brennpunkt, wenige Zentimeter vor dem Boden, kann es so heiß werden, daß sich dort trockenes Laub oder Gras entzünden kann.

In tropischen Ländern benutzt man Hohlspiegel zum Kochen. In Frankreich, Algerien und den USA gibt es Sonnenkraftwerke mit riesigen Hohlspiegeln, in deren Brennpunkt bei Temperaturen bis zu 3000 Grad Celsius Eisen geschmolzen, Meerwasser destilliert oder Dampf zum Betrieb von Elektrizitätswerken erzeugt werden kann.

Sonnenkraftwerk

Hohlspiegel

Wie entsteht der räumliche Eindruck der dreidimensionalen Bildpost-karten?

Das Geheimnis liegt in den feinen senkrechten Riffeln aus durchsichti-gem Kunststoff. Zwei aus verschiedenem Winkel fotografierte Bilder sind so angeordnet, daß jeweils ein dünner Streifen beider Bilder unter jedem Riffel liegt. Bei der Betrachtung werden – durch die besondere Licht-brechung – jedem Auge nur die Streifen eines Bildes sichtbar, und die zahlreichen Bildstreifen vereinigen sich zu einem plastischen Bild.

Ein Experiment verdeutlicht das Prinzip: Man zeichnet im Abstand von 2 mm zwei verschiedenfarbige senkrechte Linien. Legt man ein durch-sichtiges Grogstäbchen darüber, sieht jedes Auge nur eine Linie.

104 Lichtbrechung im Zickzack

In ein halb geleertes Glas wird Wein nachgeschenkt, dabei werden im
Wein für einige Sekunden Schlieren sichtbar, feine, flimmernde Wellen-
linien. Wie kommen sie zustande?
Hier wurden zwei Weine von unterschiedlicher Qualität eingegossen.
Da die Qualitätseinstufung der Weine im wesentlichen von ihrem Zucker-
gehalt abhängt, ist beispielsweise eine „Spätlese" süßer als ein „Kabi-
nett". Je schwerer ein Wein, desto größer ist auch seine optische Dichte,
desto stärker wird also Licht in ihm gebrochen. Wo sich die Weine noch
nicht gleichmäßig vermengt haben, gehen die Lichtstrahlen nicht gerad-
linig hindurch, sondern werden an den Grenzflächen der beiden Sorten
gebrochen – mal mehr, mal weniger. Durch die unterschiedliche Ablen-
kung des Lichts sieht man hellere und dunklere Streifen.

Blick durch mattes Glas 105

Ein Detektiv verrät einen Trick, wie man durch eine Mattglasscheibe hindurchblicken kann: Man klebt ein Stück Klebefilm auf die matte, leicht rauhe Seite der Scheibe, glättet es mit dem Fingernagel und hat an dieser Stelle klare Sicht.
An der Oberfläche der Scheibe, die durch Ätzen mit Flußsäure oder Bearbeitung mit einem Sandstrahlgebläse aufgerauht worden ist, werden die hindurchfallenden Lichtstrahlen in alle Richtungen zerstreut, und es scheinen bestenfalls nur stark verschwommene Umrisse durch. Die Klebeschicht des Films füllt die Unebenheiten auf der Glasoberfläche aus, die Lichtstrahlen gehen hier parallel hindurch wie durch eine klare Scheibe und zeichnen auf der Netzhaut des Auges ein scharfes Bild.

106 Gefangenes Licht

Feuchter Sand erscheint dunkler als trockener. Wie kommt das, Wasser ist doch farblos und durchsichtig?
Sand besteht aus Quarzkörnchen, deren glatte Flächen die Sonnenstrahlen in alle Richtungen reflektieren. Daher sieht trockener Sand fast weiß aus. In feuchtem Sand wird ein Teil des Lichts von der dünnen Wasserschicht verschluckt, die die Körnchen umgibt. Alle Lichtstrahlen, die von der Oberfläche der Körnchen so reflektiert werden, daß sie flach auf die Grenzfläche Wasser – Luft treffen, werden total reflektiert, das heißt ins Wasser zurückgeworfen. Es gelangen also nur steil auf die Grenzfläche treffende Strahlen zum Auge und außerdem das Licht, das bereits über der Wasserschicht reflektiert wird und das Glitzern hervorruft.

Hält man ein mit Wasser gefülltes Glas in der Hand und blickt von oben hinein, sieht man seitlich an der spiegelnden Glaswand die erhabenen Hautleisten der Fingerkuppen; die Rillen zwischen ihnen aber glänzen silbrig. Warum wird hier nicht die ganze Fläche der Haut sichtbar?
Die am Glas anliegenden Hautleisten sieht man normal, die Lichtstrahlen werden auf ihrem Weg von der Hautoberfläche durch Glas und Wasser lediglich ein wenig gebrochen. Anders ist der Weg des Lichts, das in diesem Einfallswinkel aus den optisch dichteren Mitteln Wasser und Glas kommend auf das optisch dünnere Mittel Luft trifft. Diese Licht-strahlen werden ins Wasser zurückgeworfen, und man sieht überall da, wo außen Luft ist, einen Spiegelglanz – auch in den Rillen der Haut.

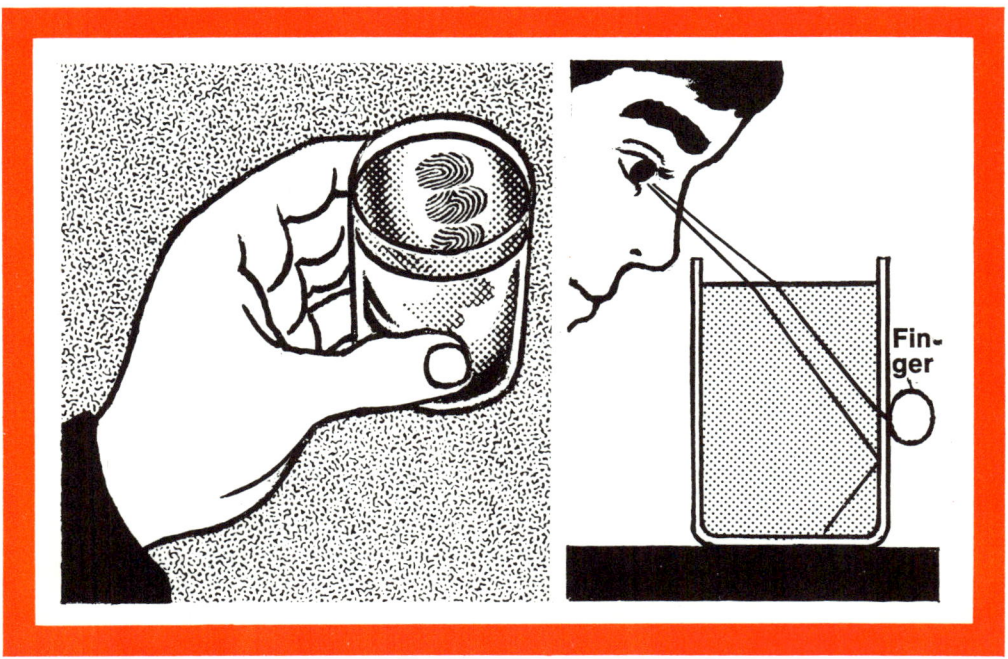

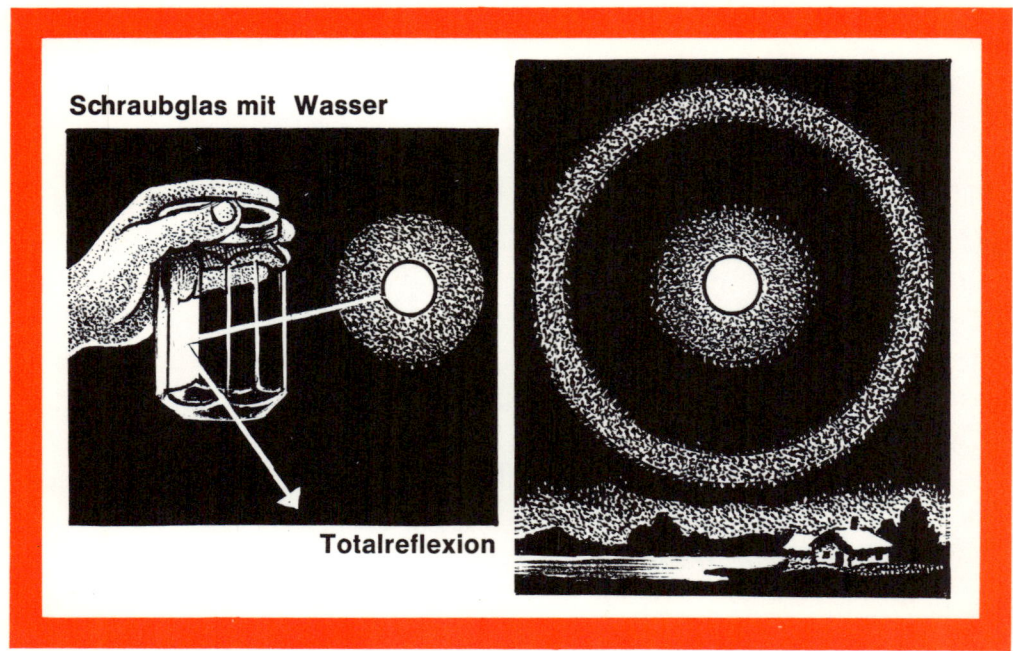

Schraubglas mit Wasser

Totalreflexion

108 Spiegelung in Eiskristallen

In weitem Abstand um Mond oder Sonne beobachtet man manchmal einen Halo, einen großen Lichtring. Wie kommt es zu dieser Erscheinung?

Das Licht des Himmelskörpers geht durch eine dünne Wolke von sechskantigen Eisnadeln und wird jeweils von einer Fläche dieser Kristalle total reflektiert. Man sieht aber nur die zahllosen kleinen Spiegelungen in einer ringförmigen Zone, die in einem bestimmten Winkel zum Auge steht. Die gleiche Beobachtung macht man, wenn man abends durch eine leicht mit Reif bedeckte Glasscheibe auf eine helle Laterne blickt. Experiment: Hält man ein wassergefülltes, sechskantiges Honigglas seitlich vor den Mond, sieht man – genau wie im Eiskristall – die Totalreflexion des Mondlichts auf einer Innenfläche.

Fontänen-
leuchte

Lichtstrahlen

Stab-
lampe

Lichtfleck

Gebogene Lichtleiter 109

Durch dünne, biegsame Lichtleitfasern aus Glas und Kunststoff kann
man Lichtstrahlen senden und Bilder übertragen. Lichtleitfasern finden
in der Industrie, Raumfahrt und Medizin Verwendung – oder auch nur
als „Fontänenleuchte".
Die Strahlen einer Lichtquelle gehen durch einen gebogenen Leitfaden
im Zickzack, weil sie darin immer wieder total reflektiert werden.
Experiment: Man steckt eine dünne Stablampe (in einem wasserdichten
Klarsichtbeutel) von innen in die Tülle einer Gießkanne. Beim Gießen
im Dunkeln glitzert der Wasserbogen ein wenig, weil einige Lichtstrahlen durch seine gekräuselte Oberfläche nach außen gelangen. Wo das
Wasser auf den Boden trifft, ist ein heller Fleck zu sehen.

110 Sonnenspektrum in Tropfen

In den Ziergras-Polstern im Garten hängen nach einem Regenschauer zahlreiche Regentropfen. Betrachtet man sie mit dem Rücken zur Sonne, leuchten sie in allen möglichen Farben auf. Verändert man durch eine Kopfbewegung den Betrachtungswinkel, erscheint in jedem Tropfen eine andere Farbe. Wie kommt das?

Das weiße Sonnenlicht wird in den Tropfen gebrochen und dabei in die Spektralfarben zerlegt. Ins Auge gelangt von allen Tropfen, die sich am Rand eines Blickwinkels von etwa 80 bis 85 Grad befinden, jeweils nur eine Farbe, nach außen mehr zum Rot hin, nach innen mehr zum Violett. Das Lichtspektrum im Graspolster ist also mit einem Teil eines Regenbogens zu vergleichen, der vor einer Wolkenwand gegenüber der Sonne in niederfallenden Tropfen sichtbar wird – je tiefer die Sonne am Horizont steht, desto höher ist der Bogen.

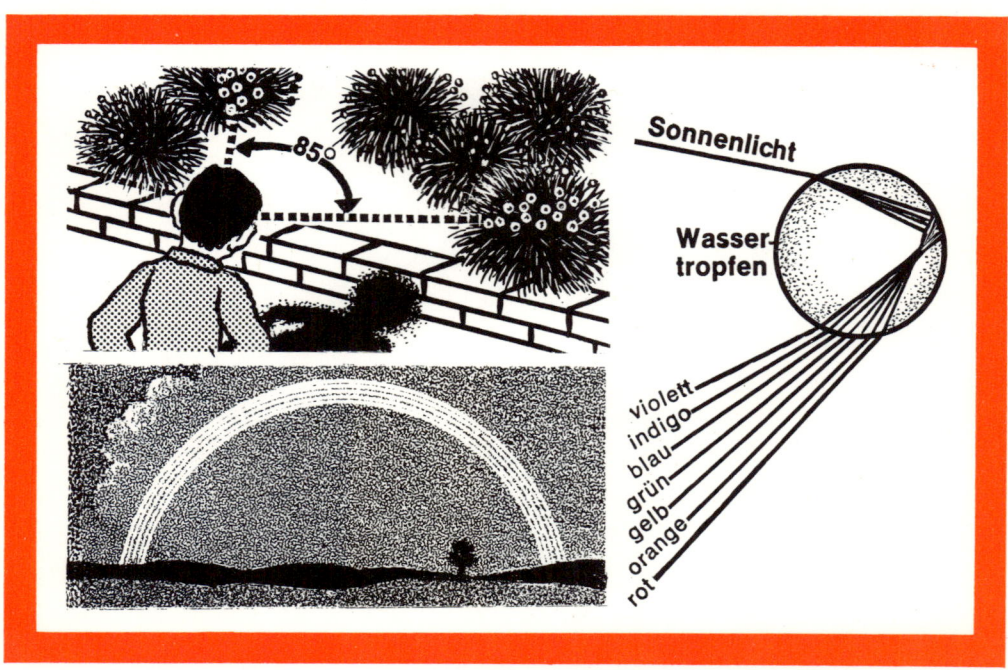

Nach einem Regen stehen auf neuen, noch öligen Schwellen eines Eisenbahngleises kleine Wasserlachen. Eigenartigerweise leuchtet die Oberfläche jeder Wasserlache in einer anderen Spektralfarbe. Wie kommt es zu dieser Erscheinung?

Es handelt sich hier um Interferenz, eine Veränderung des Lichts durch Zusammentreffen mehrerer Lichtwellen. (Ausbreitung des Lichts versteht man strahlen- und wellenförmig.) Auf den Wasserlachen schwimmt eine feine Ölschicht, die sich um so mehr auseinanderzieht, je größer die Lache ist. Das auftreffende Licht wird von der Ober- und Unterseite der Ölschicht reflektiert (A und B). die Lichtwellen, die sich je nach Dicke der Ölschicht unterschiedlich überlagern, verstärken sich und lassen eine Spektralfarbe sichtbar werden oder löschen sich gegenseitig aus.

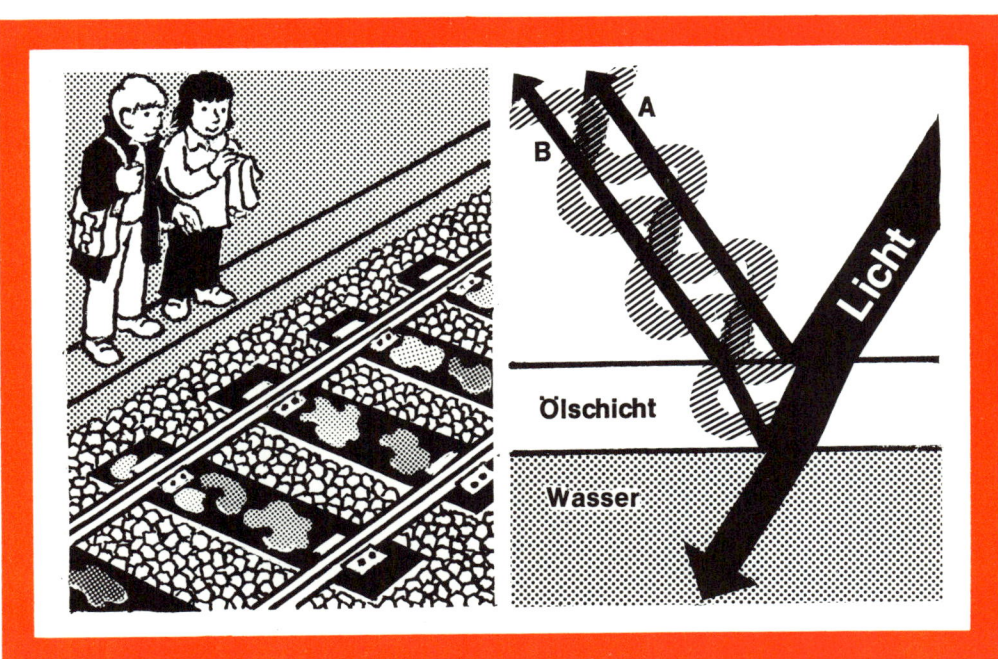

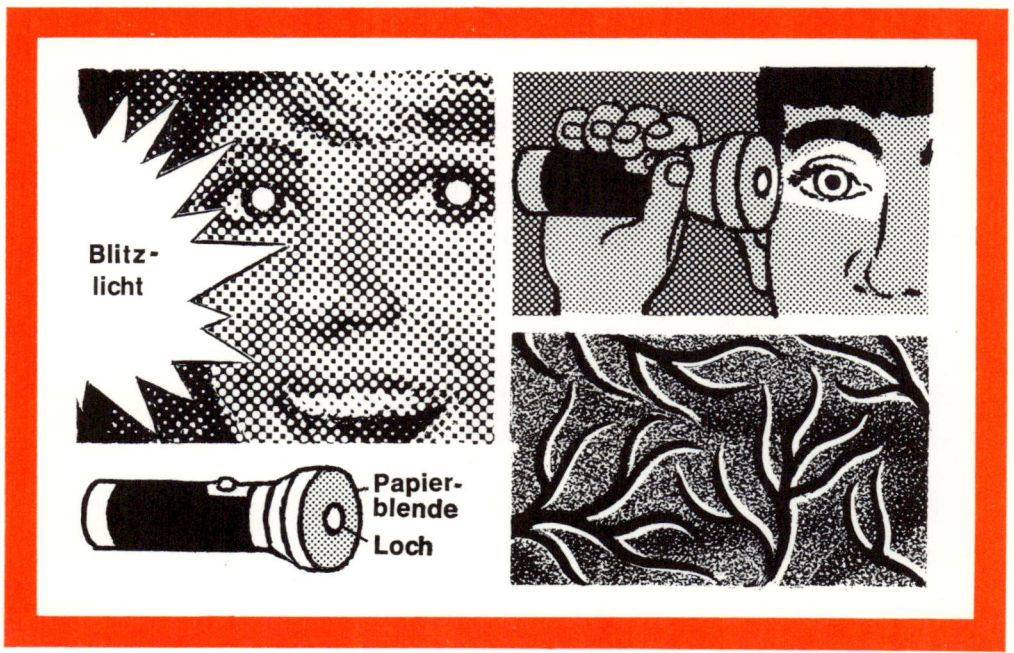

Blitz-licht

Papier-blende

Loch

112 Rote Pupillen

Auf einem Farbfoto, das in einem ziemlich dunklen Zimmer mit Blitz-licht geschossen wurde, hat man rote Augen. Warum?

Die Pupillen, die sich im Dunkeln zur vermehrten Lichtaufnahme weit öffnen, reagieren zu langsam, wenn das grelle Licht des Blitzes sie trifft. Es gelangt voll ins Auge und macht die feinen Blutgefäße auf der Netzhaut sichtbar.

Experiment: Leuchtet man im Dunkeln mit einer Taschenlampe von der Seite ins Auge, sieht man das Netz der Äderchen wie Risse in einer Wand vor sich. Die Äderchen liegen über der Netzhaut; man nimmt sie jedoch normalerweise nicht wahr, weil sich die Sehzellen unter ihnen an sie gewöhnt haben. Werden die Äderchen aber seitlich angestrahlt, werfen sie Schatten auf benachbarte Sehzellen.

Kinematografischer Effekt 113

Wenn man vor einem Lattenzaun steht, kann man durch seine schmalen Spalten nur wenig erkennen. Fährt man aber an ihm entlang, erscheint er nahezu durchsichtig. Wie erklärt sich das?

Unser Auge ist träge: Das beim Entlangfahren durch eine Zaunspalte erfaßte Bild wirkt auf der Netzhaut eine kleine Weile nach, bis sich auf ihr das Bild der nächsten Zaunspalte einprägt. Die einzelnen Bildeindrücke verschmelzen zu einem zusammenhängenden Bild, wie im Film, wo in einer Sekunde 24 Bilder flimmerfrei ablaufen. Da sich die Augen auf die entfernten, hellen Objekte hinterm Zaun einstellen, nehmen sie die im Vordergrund schnell vorbeiziehenden, dunklen Latten nur als verwischte Fläche wahr.

114 Räder im Film

Manchmal scheinen im Film die Räder eines schnell fahrenden Pferdewagens oder Autos stillzustehen oder sich rückwärts zu drehen. Wie kommt es zu dieser Täuschung?
Beim Filmen werden in einer halben Sekunde zwölf Bilder belichtet. Dreht sich ein Rad mit zwölf Speichen in einer halben Sekunde einmal herum, haben die Speichen auf allen 12 Bildern die gleiche Stellung, und beim Ablaufen des Films im Kino steht das Rad scheinbar still. Man sagt, die Filmbilder und Speichen laufen synchron. Verlangsamt sich die Drehung geringfügig, bleibt jede Speiche auf jedem Bild ein Stückchen weiter zurück und das Rad dreht sich dann scheinbar rückwärts.

12 Filmbilder pro ½ Sekunde

Mit einem Kreisel (Bierdeckel mit schwarzem Papier und 5 weißen Streifen beklebt) kann man die Sendefrequenz des Fernsehens gut beobachten. Dreht man den Kreisel im dunklen Zimmer unmittelbar vor dem hellen Fernsehschirm, so stehen die Streifen auf einmal still, bewegen sich dann rückwärts und verdoppeln sich.

Im Fernsehen werden pro Sekunde 25 Bilder gesendet, nach jedem Bild ist eine kleine Lichtpause. Macht der Kreisel genau 5 Umdrehungen pro Sekunde, erfolgen Ablauf der Bilder und Drehung der Streifen im gleichen Rhythmus. Die Bilder stehen dann scheinbar still. Wird der Kreisel langsamer, drehen sich die Streifen scheinbar rückwärts, bis sie schon bei jeder Zehntelumdrehung von einem Fernsehbild getroffen werden und dann 10 Streifen still stehen.

**Papierstreifen Pappscheibe
Bleistiftstummel**

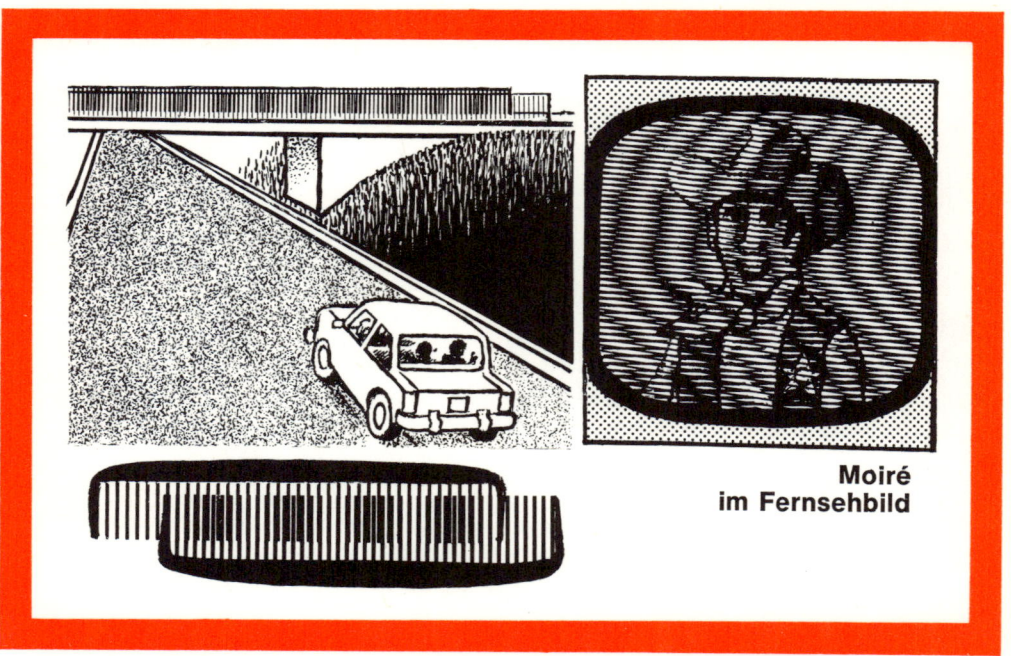

Moiré
im Fernsehbild

116 Moiré-Muster

Wenn man sich auf der Autobahn einer Überführung nähert, beobachtet man im Gitter der hintereinander stehenden Brückengeländer wechselnde helle und dunkle Muster. Wie entstehen sie?

Wegen der unterschiedlichen Entfernung der Geländer zum Auge erscheinen die Abstände der Gitterstäbe verschieden groß. Mal stehen die Stäbe hintereinander, mal nebeneinander, mal genau auf Lücke und verändern so im bestimmten Rhythmus den Durchblick.

Ein derartiges Muster, Moiré genannt, entsteht immer da, wo der Abstand oder Winkel übereinanderliegender Linien nicht übereinstimmen, z. B. in den Falten einer Tüllgardine, im Raster eines Zeitungsfotos oder in zwei unterschiedlichen Kämmen, die man voreinander bewegt. Im Fernsehbild erscheint ein Moiré, wenn aufgrund einer Störung die Zeilensynchronisation nicht stimmt.

Konservendose

Messung durch Lichtreflexion 117

Wenn ein Baum gefällt werden soll, muß man manchmal wissen, wie weit seine Spitze fällt. Das genaue Maß läßt sich einfach bestimmen. Man füllt eine Konservendose mit 10 cm breiter Öffnung bis 5 cm unter dem Rand mit Wasser und rührt etwas Erde hinein, damit sich das Licht auf dem Wasser besser spiegelt. Die Dose wird auf die Erde gestellt und so lange gerückt, bis die Baumspitze genau über dem vorderen Dosenrand auf der Wasseroberfläche sichtbar wird (Pfeil).
Das von der Baumspitze kommende Licht fällt in einem Winkel von 45° auf das Wasser und bildet mit Baumstamm und Erde ein rechtwinkliges, gleichschenkliges Dreieck. Baumhöhe und Entfernung Dose—Stamm sind also gleich.

118 Winkelpeilung im Dreieck

Wer die Breite eines Flusses schätzen will, verkalkuliert sich leicht wegen des täuschenden Wasserspiegels. Man kann sie aber mit Hilfe eines Dreiecks recht genau ermitteln.

Man sucht zwei sich an den Ufern genau gegenüberliegende Punkte (A und B). Dann geht man so weit am Ufer entlang, bis man die beiden Punkte in einem Winkel von 45° sieht (C). Der Winkel läßt sich mit den Zeigern einer Uhr peilen, wenn sie auf dem Zifferblatt um 7½ Minuten auseinanderstehen. Hat man die von A nach C zurückgelegten Schritte gezählt, weiß man auch die Breite des Flusses.

Die Schrittzahl (A–C) entspricht der Flußbreite (A–B), weil beide Strecken die gleich langen Schenkel eines rechtwinkligen Dreiecks bilden.

Ein Bauherr steht im Rohbau seines Hauses und überlegt, wie lang der Teppichläufer für die Treppe sein muß. Diese ist nämlich noch nicht eingebaut, und die Anzahl der Stufen, ihre Länge und Höhe sind ihm nicht bekannt. Wie läßt sich dennoch die Länge des Läufers einfach bestimmen?

Man braucht nur das Stück des Fußbodens und die Höhe der Wand zu messen, die später mit der Treppe ein rechtwinkliges Dreieck bilden. Die beiden Maße zusammengezählt ergeben die Länge des Teppichs; denn die Höhe und Breite der einzelnen Stufen addiert, ergeben dasselbe Maß.

120 Verschobene Winkel

Erschrocken stellt ein Zeichner fest, daß sein T-Lineal nicht ganz recht-winklig ist. Ist nun sein halbfertiger Entwurf, bei dem es auf genaue waagerechte und senkrechte Linien und rechte Winkel ankommt, unbrauchbar?

Wenn das Zeichenpapier vor dem Befestigen auf dem Reißbrett wie üblich mit dem T-Lineal ausgerichtet worden ist, sind alle Linien in der Zeichnung genau senkrecht und waagerecht. Wegen der unterge-schraubten Querleiste dreht man das T-Lineal bei der Arbeit nicht um, sondern legt es stets mit derselben Seite auf das Reißbrett. Die Unge-nauigkeit des T-Lineals schadet nicht, denn die Winkelabweichung der waagerechten und senkrechten Linien geht jeweils zur gleichen Seite, und so bilden sich wieder rechte Winkel.

Suche nach dem Kreismittelpunkt 121

Wer keinen Zirkel zur Hand hat, um einen Kreis zu ziehen, kann sich mit einem runden Gegenstand, etwa einem Teller, behelfen. Wie aber findet man einfach und exakt den Mittelpunkt eines Kreises?

Man legt einen Bogen Papier so auf den Kreis, daß ihn eine rechtwinklige Ecke berührt. Wo die Papierkanten den Kreis schneiden, zeichnet man die Punkte A und B an. Die Verbindungslinie zwischen A und B ist der Kreisdurchmesser. Zeichnet man auf gleiche Weise eine zweite Linie CD, so bildet der Schnittpunkt der beiden Linien den Mittelpunkt M. Die Hilfskonstruktion beruht auf dem Lehrsatz, daß Winkel im Halbkreis stets rechte Winkel sind.

122 Berechnung eines Kreises

Bei der Verfolgung eines Fahrraddiebes entdeckt ein Junge eine nasse Reifenspur auf dem Asphalt. An einer Straßenecke ist ein Radfahrer beim Abbiegen mit einem Reifen durch eine Regenpfütze gefahren. Der Junge überlegt, wie er anhand der sich wiederholenden Wasserflecke den Durchmesser des Rades bestimmen kann.

Der Umfang des Rades (stets das 3,14fache seines Durchmessers) läßt sich abmessen, es ist die Strecke AB. Teilt der Junge dieses Maß durch 3,14, dann kennt er den Durchmesser des Rades. Somit weiß er, ob es zum gestohlenen Fahrrad gehören könnte.

Auf den Reifen ist jetzt übrigens der genaue Raddurchmesser in einheitlichen Europamaßen abzulesen, z. B. 47-622. Die erste Zahl bedeutet die Reifendicke, die zweite den Felgendurchmesser in Millimetern.

Ein Junge fährt täglich mit dem Fahrrad zur 3 Kilometer entfernten Schule und benutzt dabei stets denselben Radweg. Als er eines Tages nach Hause kommt, stellt er fest, daß sein Tachometer den Weg 270 m länger gemessen hat als sonst. Er fragt sich, woran das liegen könnte.

Die eigentliche Ursache ist eine undichte Stelle im Vorderreifen. Er war an dem Tag für den Hinweg prall aufgepumpt, hatte aber bis zur Rückfahrt so viel Luft verloren, daß sein Durchmesser statt normalerweise 50 cm nur noch 46 cm zählte. Da somit sein Umfang (Durchmesser mal 3,14) um etwa 13 cm kleiner war, mußte sich das Rad auf dieser Fahrt 172mal mehr drehen als sonst. Dementsprechend zeigte der Tachometer, der auf den normalen Raddurchmesser geeicht ist, eine längere Strecke an.

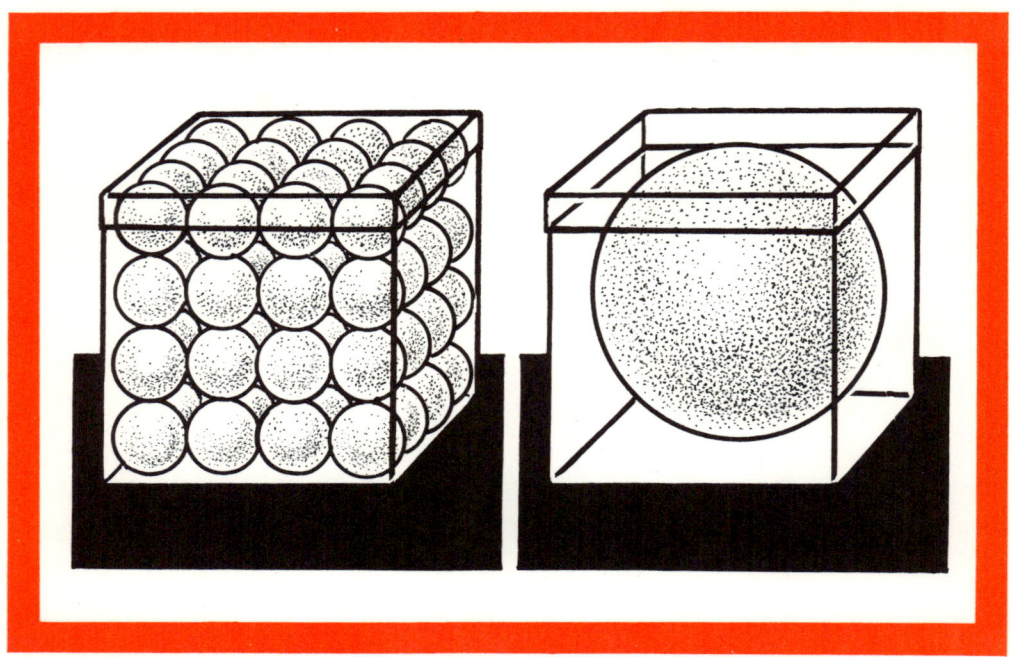

124 Kugeln im Würfel

Eine würfelförmige Plastikschachtel ist mit 4 Schichten von je 16 Marzi-
pankugeln bis an den Rand gefüllt. Eine andere, gleich große Schachtel
enthält lediglich eine große, genau in den Würfel passende Kugel.
Welche Packung enthält mehr Marzipan?
Der Rauminhalt einer Kugel (Formel: 4/3 · r³ · 3,14) macht, unabhängig
von ihrer Größe, stets 52 % vom Rauminhalt eines entsprechend großen
Würfels aus. Da sich die Packung mit den kleinen Kugeln in 64 kleine
Würfel aufteilen läßt, ist also in beiden Packungen gleich viel Marzipan.

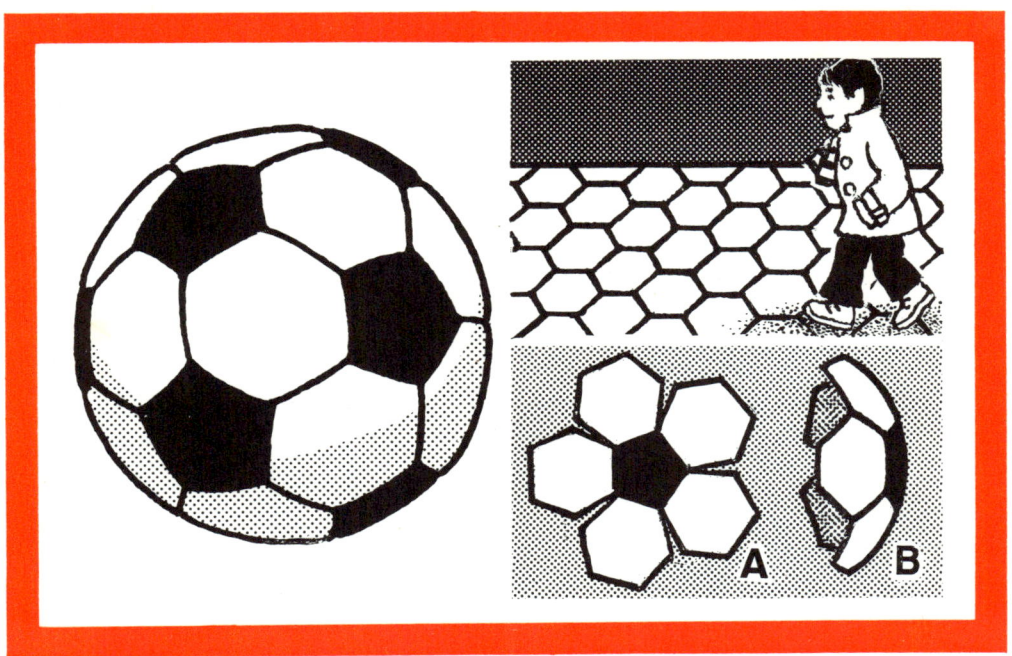

Kugel aus ebenen Flächen 125

Aus wieviel weißen und schwarzen Lederteilen besteht ein Fußball, und wieviel Ecken haben sie? Diese Fragen sind selbst für aktive Fußballer und regelmäßige Spielzuschauer knifflig.

Der Ball setzt sich aus 20 weißen Sechsecken und 12 schwarzen Fünfecken zusammen. Warum aber die unterschiedlichen Formen? Wären es nur gleichförmige Sechsecke, würde das Leder (wie das Wabenmuster von Gehwegplatten) eine ebene Fläche bilden und niemals eine Kugel ergeben. Durch die Anordnung von jeweils fünf Sechsecken um ein Fünfeck gleicher Kantenlänge (A) entstehen Hohlkörper (B), die den Ball formen.

Register

„Bausteine des Wissens"
Die erfolgreichen Bände von Hans Jürgen Press

Spiel – das Wissen schafft
Mehr als 200 Experimente aus Natur und Technik – mit einfachen Mitteln aus dem Haushalt spielend leicht nachzuvollziehen.

Der Natur auf der Spur
Beobachtungen in der Natur. Beschäftigungen mit Tier und Pflanze. Entdeckungsreisen zu allen Jahreszeiten.

Ravensburger Naturbücher in Farben

Weitere Bände dieser Reihe:

Bäume und Sträucher in Farben
Flora in Farben
Gartenschädlinge und Pflanzenkrankheiten in Farben
Gartenstauden in Farben
Immergrüne Gartensträucher in Farben
Sommergrüne Gartengehölze in Farben
Gebirgsflora in Farben
Sommerblumen in Farben
Speisepilze in Farben
Zimmerpflanzen in Farben
Fossilien in Farben
Insekten auf Feld und Wiese in Farben
Insekten der Trockengebiete in Farben
Insekten des Waldes in Farben
Lurche und Kriechtiere in Farben
Meerestiere am Strand in Farben
Säugetiere in Farben
Vögel in Feld und Heide in Farben
Vögel der Gewässer in Farben

Sowohl dem jungen, interessierten Menschen als auch dem Kenner sind die „Ravensburger Naturbücher in Farben" eine unvergleichlich wertvolle Hilfe. Diese handlichen Bestimmungsbücher sind ideal für das Wandergepäck. Sie sind übersichtlich, zuverlässig und fundiert in der Aussage, mit bestechend schönen, bis ins kleinste Detail naturgetreuen Farbabbildungen, die mehr zeigen, als ein Foto vermag.

Dynamische Biologie
Eine neue Reihe für Jugendliche und Erwachsene

Arterhaltung, Ernährung, Schutz vor Feinden und Anpassung an den Lebensraum sind die Grundprobleme für jedes Lebewesen. Die Reihe „Dynamische Biologie" hat zum Ziel, funktionale Zusammenhänge an ausgewählten Beispielen aufzuzeigen und den Leser so zu einem tieferen Verständnis für die Lebensbedingungen in der Natur zu führen.

Sie läßt ihn Anteil nehmen an der Forschung, ermuntert ihn aber auch zu eigenen Beobachtungen und Untersuchungen. Die packende Darstellungsweise und das methodische Geschick der Autoren sowie die eindrucksvollen Fotos und Grafiken machen die Bände zu einer einzigartigen Einführung in die Denk- und Arbeitsweisen der modernen Biologie.

Band 1
Eberhard Weismann:
Partnersuche und Ehen im Tierreich
Fortpflanzungsverhalten im Tierreich.

Band 2
Andreas Bertsch: **Blüten – lockende Signale**
Wechselbeziehungen zwischen Blüten und Insekten.

Die weiteren Bände:

Band 5
Pflanzen und Tiere schützen sich vor Feinden
Band 6
Leben in Trockenheit und Kälte
Anpassung an extreme Lebensbedingungen.
Band 7
Tiere schließen sich zusammen
Sozialleben der Tiere.
Band 8
Tiere unterwegs
Wanderungen der Tiere.
Band 9
Fressen und Gefressenwerden
Parasiten und Ernährungsspezialisten im Pflanzenbereich.
Band 10
Evolution der Lebewesen
Entwicklung des Lebens auf der Erde.

Band 3
Wolfgang Schwoerbel:
Zwischen Wolken und Tiefsee
Anpassung an den Lebensraum.

Band 4
Eberhard Weismann: **Entwicklung und Kindheit der Tiere**
Von der Eizelle zum Jungtier.